中国儿童自然百科通识绘本

1 身边的野生动物

米莱童书 著绘

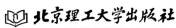
北京理工大学出版社
BEIJING INSTITUTE OF TECHNOLOGY PRESS

中国动物
很高兴认识你
北京市科学技术协会
科普创作出版资金资助项目

图书在版编目（CIP）数据

中国动物 : 很高兴认识你 : 全4册 / 米莱童书著绘
. -- 北京 : 北京理工大学出版社，2023.11
ISBN 978-7-5763-2669-7

Ⅰ. ①中… Ⅱ. ①米… Ⅲ. ①动物—中国—儿童读物
Ⅳ. ①Q95-49

中国国家版本馆CIP数据核字(2023)第142099号

责任编辑：李慧智　　**文案编辑**：李慧智
责任校对：周瑞红　　**责任印制**：王美丽

出版发行 / 北京理工大学出版社有限责任公司
社　　址 / 北京市丰台区四合庄路 6 号
邮　　编 / 100070
电　　话 / （010）82563891（童书售后服务热线）
网　　址 / http://www.bitpress.com.cn

版 印 次 / 2023 年 11 月第 1 版第 1 次印刷
印　　刷 / 雅迪云印（天津）科技有限公司
开　　本 / 787 mm × 1092 mm　1/12
印　　张 / $17\frac{1}{3}$
字　　数 / 400 千字
定　　价 / 200.00 元（全4册）

动物观察手账

这是安安和乐乐的手账本。这里有我们和动物学家左一博士的通信、我们的调查报告、观察记录、《动物日报》里的剪报、抓拍的照片和手绘涂鸦，还有精心收藏的动物科学画。

这里有 40 种动物。也许你会奇怪，怎么没有大熊猫、金丝猴等声名在外的保护动物呢？实际上，关心动物不应当只在乎动物中的明星，那些不起眼的、那些默默陪伴在我们身边的、那些被人们嫌弃甚至厌恶的、那些时常化身为不速之客的动物，它们没有明星的光环，而依然奋力生存。它们同样值得我们关注，同样是"中国动物"的代表。

这也是热爱动物的人共同的作品：左一博士给我们分享了许多奇趣的知识，身处一线的保育工作者给我们讲述了不为人知的见闻，专业的科学画师给我们绘制了作为鉴定动物依据的"标准照"……我们也在观察过程中总结出了很有用的技巧和工具，高兴地分享给你，期待你也能记录下自己的观察所得，让这本手账越来越丰富、精彩！

瞧，一只鸟。

序

当你伴着朝阳上学时，猫头鹰正疲惫地飞回巢穴；当你思量着中午的饭菜时，享受日光浴的猫正慵懒地打盹；当你在体育课上挥洒汗水时，枝头的蝉正放声高歌；当你沉沉睡入梦乡时，壁虎正爬过茫茫夜色……当你享受生活时，动物也在与我们共享同一片家园。

同享一片家园，我们怎么能不关心邻居呢？孔子曰："多识于鸟兽草木之名。"动物犹如一面镜子，能鉴照异彩纷呈的大自然，能鉴照悠久沧桑的文明史。

动物栖息在各种各样的环境：从积雪皑皑的高原雪山，到暑气腾腾的热带丛林；从辽阔苍茫的塞外草原，到荞麦青青的田间地头……动物恰如大自然的形象代言人，讲述生命的传奇。仔细倾听，你能了解到生命演化的历程、生态系统的奥秘。

动物也给文明进程留下烙印：龟甲和兽骨曾刻有汉字的雏形，蛇的身躯曾融入古老的图腾，鸽子的羽翼曾寄托殷切的思念，蚕的丝线曾承载通商致远的希望……动物恰如历史的生动注脚，耐心品读，你能了解到历史的变迁、文化的多元。

像夫子说的那样，去多认识一些"鸟兽草木之名"吧，去认识那些毛发鬤鬤、羽翼翩翩、鳞甲森森的邻居吧。在这里，我满怀期待地推荐这套《中国动物，很高兴认识你》。

在这里，你会认识 40 种中国原生的乡土动物和在中国历史文化中有着深刻内涵的动物。在这里，你也会结识更多热爱动物的朋友——专业的科学绘画师。正是他们亲手绘制了本书的科学画，通过不同视角和尺度的转换叠合，画出动物的准确形态，凸显出最重要的细节，留下一张可以作为物种鉴定依据的"标准照"，铭记生命的永恒。在这里，让我们一并向动物科学绘画师、动物保育工作者及所有真正投身于环保事业的人们致敬！

期待你在这里，爱上动物；在这里，亲近自然。

中国科学院动物研究所博士、研究馆员
国家动物博物馆副馆长

张劲硕

国家动物博物馆科普策划 张劲硕博士（左一）

学术指导

张劲硕

中国科学院动物研究所博士、研究馆员，
国家动物博物馆副馆长

（这张合影为张博士带来了"左一"的趣名，他正是
本书中与小主人公通信的动物学者）

米莱童书

米莱童书是由国内多位资深童书编辑、插画家组成的原创童书
研发平台。旗下作品曾获得 2019 年度"中国好书"，2019、2020
年度"桂冠童书"等荣誉；创作内容多次入选"原动力"中国原创动
漫出版扶持计划。作为中国新闻出版业科技与标准重点实验室（跨领
域综合方向）授牌的中国青少年科普内容研发与推广基地，米莱童书
一贯致力于对传统童书进行内容与形式的升级迭代，开发一流原创童
书作品，适应当代中国家庭更高的阅读与学习需求。

特约观察员

特约观察员既是小读者，也是小作者，他们的细致观察与周密
调查为本书贡献了第一手素材。

王振全　　　（北京市朝阳区第二实验小学）

陈毅轩　　　（北京育才小学）

刘米莱　　　（人大附中亦庄新城学校）

孙雯悦　　　（人大附中亦庄新城学校）

张馨月　　　（北京第一实验小学红莲分校）

原创团队

策划人：　　陶然

创作编辑：　陶然　　孙运萍

绘画组：　　小改　　都一乐　　李玲　　孙愚火

科学画绘制组：李亚亚　　苏靓　　肖白　　许可欣　　郑秋旸

美术设计：　刘雅宁　　张立佳　　辛洋

自然寻踪

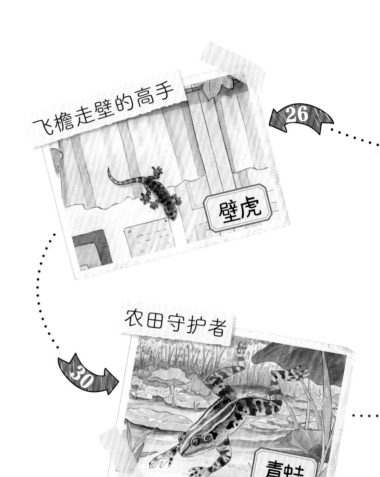

飞檐走壁的高手　26

壁虎

农田守护者　30

青蛙

专题：
动物的分类　50

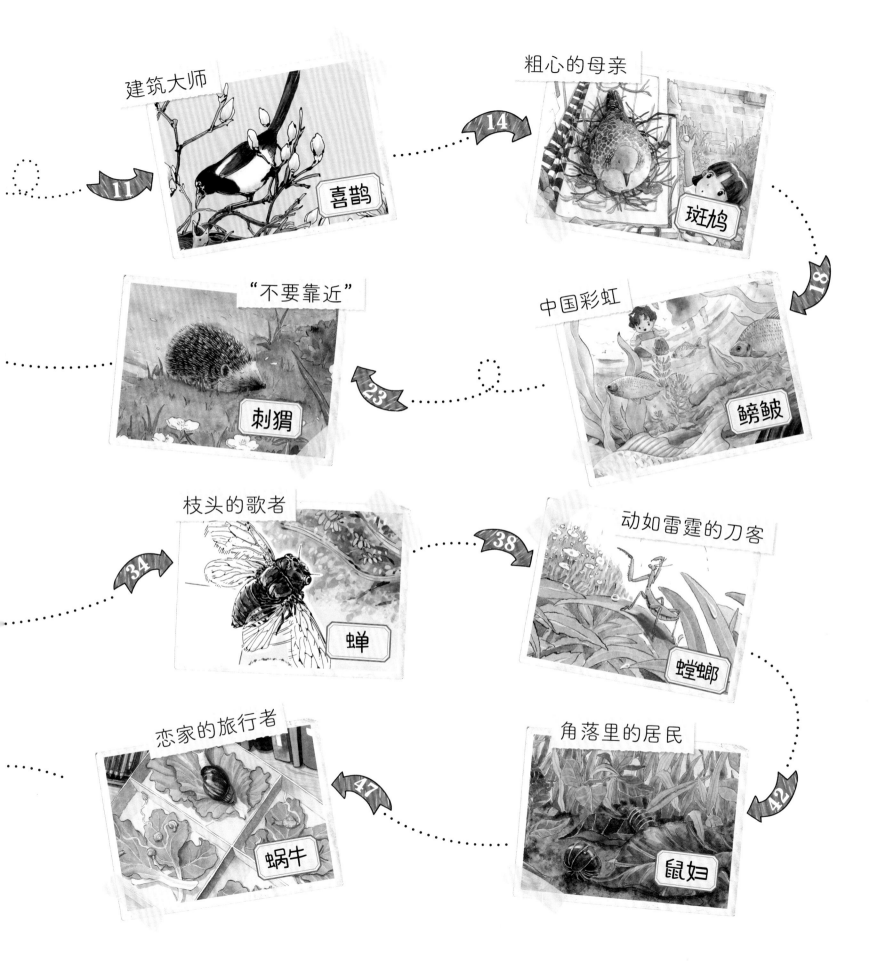

调查人	亲自观察动物的安安和乐乐		
调查背景	学校组织了一场环保讲座，主讲人是非常受欢迎的动物学家左一博士。讲座上，左一博士说城市也是一个生态系统，许多野生动物正悄悄地与我们栖息在同一片屋檐下，这让我们感到很新奇		
调查目标	寻找那些被忽视的动物邻居		
调查对象	身边的野生动物	调查时间	春天、初夏
调查地点	公园、小区绿地、建筑角落、人工水体		
调查方法	实地观察、查阅资料、和左一博士通信		
调查结果	通过寻找身边的野生动物，我们意识到要了解动物不一定要去动物园，这些小家伙们的故事同样精彩！我们为它们记录下一个个奇趣的档案，还发表在《动物日报》上……		

左一博士：

　　您好！听您说我们身边就有许多野生动物，我和乐乐决定去认识一下它们。

　　我们小区里有一棵高大的玉兰树，新芽还没抽出来时，就有鸟儿忙着在枝头上搭窝。它们的窝称得上"豪华"，明显比一般的鸟窝坚固、饱满，我很高兴见证它们完成了这项了不起的工程。它们蓝黑相间的羽毛在阳光下泛着绸缎似的光泽，肚子上的绒毛洁白如雪，没想到这么美丽的野生动物就生活在我们身边。这几天玉兰花开了，巢里不时传出喳喳的啼叫声，鸟妈妈和鸟爸爸也频频叼着虫子回来，我猜是鸟宝宝诞生了。您知道那是什么鸟吗？它们展翅翱翔的样子真优美呀，让我对鸟儿的世界心驰神往。

爱鸟的安安

建筑大师

喜鹊的

安安：

　　你好，很高兴收到你的来信！认识身边的野生动物是一件有意义的事情，孔子也说"多识于鸟兽草木之名"，在这个过程中你们一定会有很多收获。

　　从古到今，很多人像你一样梦想着如鸟儿一般翱翔天际。飞翔是鸟类特有的运动方式，除了一部分陆栖鸟类，大部分鸟类的身体构造都是为飞行而"打造"的：鸟类通常拥有强大的胸部肌肉以带动翅膀运动。鸟的翅膀上长有具备一定旋转能力的"飞羽"，当鸟抬起翅膀时，飞羽变成垂直的以释放空气；当鸟下压翅膀时，飞羽变成水平的以向下推动空气，鸟因此获得向上飞的升力。翅膀上还有前窄后宽的"初级飞羽"，当翅膀向下拍打时气流被向后推，鸟因此获得向前飞的推力。若要在空中减速或改变方向，则依靠尾羽。鸟的骨骼是中空的，它们的肠子很短，会尽快消化食物并排泄。由于鸟类没有膀胱，因此废弃体液会立即与粪便一起排出（这也是为什么鸟粪都是稀的），这使得鸟的身体密度较小，利于飞行。此外，许多鸟还善于"御风飞行"，比如一些猛禽能够巧妙利用气流滑翔，甚至数小时不扇动翅膀。

　　鸟的种类很多，全世界已知的鸟类近1万种，中国有1100多种。根据你的描述，我猜你和乐乐看到的是喜鹊。它不仅美丽，在传统文化中也有着美好的寓意。喜鹊也是当之无愧的"建筑大师"，比起一般鸟巢的碗形，喜鹊巢更接近立体的球形，多雨地区的喜鹊巢还会有"屋顶"，出入口精心设在向阳背风的一侧，以利于保暖。巢的外层由结实的枝条和泥土混合编成，内层铺垫着干草、兽毛等柔软的材料，可见喜鹊父母为了孩子的舒适用足了心思。

　　这里我要提醒一下，可别写错喜鹊的名字。"鹊"和"雀"读音一样，都是表示鸟儿，很容易弄混淆。你知道它们有什么区别吗？期待你找到答案。

　　　　　　　　　　　　　　　　　　　　鸟类的好朋友左一

"鹊"与"雀"的区别

撰稿人◎左一博士

　　为了更好地研究动物，动物学家根据动物之间相同、相异的程度与亲缘关系的远近，对它们进行了逐级分类，这些等级由高到低分别是界、门、纲、目、科、属、种。以我们生活中常见的喜鹊和树麻雀为例，它们在动物界的分类是这样的：

　　动物界—脊索动物门—鸟纲—雀形目—鸦科—鹊属—喜鹊

　　动物界—脊索动物门—鸟纲—雀形目—雀科—麻雀属—树麻雀

　　由此可见，尽管读音相同，但"鹊"和"雀"是不同科的两种鸟，不能混淆。

喜鹊的食物

安安

　　今天我在玉兰树下待了很久，观察喜鹊妈妈带回来的食物，但是树太高了，借助望远镜才看清它叼的是昆虫。通过比对昆虫图鉴，我们发现椿象、象鼻虫、蝗虫、金龟子这几种昆虫是喜鹊常吃的。

喜鹊的"近亲"

乐乐

　　在查资料的时候，我发现喜鹊有个称呼——"普通喜鹊"，我有点奇怪，难道还有不普通的喜鹊吗？通过请教博士我明白了，这是它的学名，也就是给生物命名的科学名称。"普通喜鹊"也是分布广泛、最为常见的喜鹊，它还有几位同一科下的"近亲"。

　　灰喜鹊：外形酷似喜鹊而体型稍小，嘴巴和头是黑色的，翅膀和尾羽是蓝灰色的。

　　红嘴蓝鹊：体型较大，喙和脚是红色的，身上大部分呈现紫蓝灰色到淡蓝灰色的色泽。

　　蓝绿鹊：全身主要为草绿色，头侧有黑色条纹从眼睛周围延伸到后颈，非常醒目。

喜鹊
Pica serica

目：雀形目　科：鸦科　属：鹊属
科学画绘制：肖　白

中国动物，很高兴认识你！
喜鹊

粗心的母亲

斑鸠

左一博士：

　　您好！今天是劳动节，祝您和所有的动物保育工作者节日快乐！

　　下午写完作业后，我和小伙伴们玩捉迷藏，在墙脚发现了一枚白色的、和鹌鹑蛋差不多大小的蛋。我和乐乐费了好一番工夫才找到"失主"——一只很像鸽子的鸟妈妈。乐乐很熟悉爷爷养的信鸽，笃定地说它不是鸽子。它正伏在几根稀疏枝条随意拼在一起的鸟窝里孵蛋，它的窝和喜鹊的巢一对比，真是寒酸极了。搭出这样简陋的窝的鸟妈妈真是心大，难怪丢了一颗蛋都浑然不觉。我悄悄把蛋放了回去。我把它的照片附在信里，期待您在回信里告诉我们它的名字。另外，我很担心它会再次把蛋弄丢，我能怎么帮助这位粗心的母亲呢？

　　　　　　　　　　　　　　　　　　　　　　忧心忡忡的安安

安安：

　　你考虑如何帮助鸟妈妈，这说明你既有爱心又有理智。你把捡到的蛋悄悄送回鸟窝，这是对的，至于更进一步的帮助则没必要，我们不要过度干预野生动物的自然生活。如果再遇到这样的事情，可以寻求大人的帮助，以免伤到自己或伤到动物。

　　从照片来看这是一只珠颈斑鸠，仔细看，它的后颈上有一片珍珠似的小斑点，这是它的标志性特征。斑鸠分布广泛，在野外、乡村和城市中都很常见，因此我们时常能在斑鸠的繁殖季见到它们的巢。正如你所观察到的，斑鸠的巢很简陋，不能很好地保护小斑鸠，所以斑鸠的蛋或雏鸟常常会掉出鸟窝。这和上封信里提到的喜鹊对比鲜明。当然啦，也别笑话斑鸠，正因为动物有不同的习性和"特长"，大自然才能如此缤纷多彩。我们身边还有更多的、形形色色的鸟巢。

　　斑鸠笨拙的筑巢技术难免让人联想到成语"鸠占鹊巢"。实际上，斑鸠并不会抢占别的鸟儿的巢，你们在观察鸟巢时，看看能不能发现斑鸠是替谁"背了黑锅"？

　　　　　　　　　　　　　　　　　　　　　　鸟类的好朋友左一

15

斑鸠与鸽子的区别

安安

孵蛋时的斑鸠妈妈一动不动，成为我理想的观察素材。我不仅观察到了左一博士信里提到的特征，还注意到斑鸠的羽毛是淡灰褐色的，不像家鸽的羽毛那样靓丽、有光泽。乐乐利用刚学到的动物分类知识给它们归了类，它们都属于鸟纲鸽形目下的鸠鸽科——从这个科的名字就能看出这两种鸟儿是多么相似，而斑鸠属于斑鸠属，鸽子属于鸽属。

鸟巢情况

调查目标	喜鹊巢的"豪华"和斑鸠巢的"潦草"让我们对鸟巢及鸟儿的筑巢本领产生兴趣，我们很想知道不同的鸟建造的巢各有什么特点		
调查人	安安 乐乐	调查方式	实地考察
调查地点	小区绿地及周边的森林公园	调查时间	5月
调查结果	鸟巢的主要功能是容纳卵和幼鸟，大致可分为地面巢、洞巢、编织巢、泥巢等类型。通常情况下，一出生身上就有绒羽、能自己活动的鸟的巢构造简单，比如鸡、鸭；而刚出生时身上光秃秃的、没有行动能力的鸟的巢则相对结实、复杂，比如喜鹊、燕子，因为雏鸟在巢中成长发育的时间更长，需要更有效的保护。但斑鸠显然是个例外		

麻雀巢 → 属于房洞巢，经常寄居在人工建筑物的缝隙中，小巧紧实，看起来很温暖

属于泥巢，用泥土和植物纤维混合建造，犹如"混凝土"一般坚固 ← 家燕巢

斑鸠巢 → 属于编织巢，非常简陋，用稀疏的枝条简单拼凑

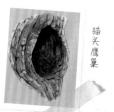
猫头鹰巢

属于树洞巢，猫头鹰自己不会打洞，而是利用现成的树洞做巢 ←

鸠占鹊"鸠"巢里的"鸠"

撰稿人◎乐乐

"鸠占鹊巢"这个成语冤枉了斑鸠。这里的"鸠"其实是杜鹃。杜鹃的繁殖方式很特殊——它自己不搭巢，也不亲自抚育雏鸟，而是把蛋生在别的鸟的巢里，和巢里原有的蛋混在一起，让别的鸟来替它养育后代。动物学家将这种行为称为"巢寄生"。据统计，有5个科、数十种的鸟有巢寄生的习性。

珠颈斑鸠

Streptopelia chinensis

目： 鸽形目　　**科：** 鸠鸽科　　**属：** 斑鸠属

科学画绘制： 肖　白

中国动物，很高兴认识你！
珠颈斑鸠

左一博士：

您好！这次终于换我给您写信了。周日外公带我们去钓鱼，他的注意力在远远的浮标上，而我和安安对沿岸的浅水更感兴趣——这是一方迷人的小世界，一群小鱼在水草间灵巧地穿梭，它们的鳞片闪烁着缤纷的色彩，好像彩虹揉碎了撒在水中。外公说那是 páng pí，这个名字对我们来说很陌生，安安记了下来，回家后查了字典，我们才弄清它名字的写法——鳑鲏，好生僻的两个字。我有些纳闷，这么美丽的小动物，怎么却如此不为人知呢？

我还注意到，有的鳑鲏鱼的腹部下方还拖着一条细长的尾巴。左一博士，为什么有的鳑鲏鱼会长出尾巴来呢？

困惑的乐乐

中国 鳑鲏

彩虹

乐乐：

　　很高兴你们又认识了一位新的动物朋友。随着认识的动物朋友越来越多，也许你会发现，鱼占其中的大部分。不仅因为鱼分布广泛，从田边水沟到浩瀚大洋，鱼类几乎栖息于地球上所有的水生环境中，更是因为世界上现有的脊椎动物中一半以上都是鱼类。毕竟鱼已经在地球上生活了5亿年，是最古老的脊椎动物。人类和鱼打交道也有上百万年的历史，人类文明之初曾经历过漫长的渔猎采集时代，也就是靠捕鱼、打猎、采集野果来生存，那时鱼是人类重要的食物来源。直到今天，依然有许多地方的人依赖捕鱼维持生计。

　　这次你认识的鳑鲏鱼是中国土生土长的原生鱼，喜爱生活在水流平缓的浅水中。它们体型小巧，通常只有5~8厘米长，因为绚丽迷人的体色，在国外常会被当作观赏鱼，博得了"中国彩虹"的美名。这位中国河湖中的原住民对水质要求很高，曾因为水污染一度难得一见。我很高兴鳑鲏鱼出现在你的身边，这是一个令人振奋的信号，说明我国的水体水质乃至生态环境正在改善。

　　你观察得很仔细——部分鳑鲏鱼拖着"细尾巴"，那是雌鱼，那其实是它的产卵管，没有"细尾巴"的则是雄鱼。春夏之交正是鳑鲏鱼的繁殖季，这时雌鱼会伸出产卵管，而想要顺利产卵繁殖，鳑鲏鱼离不开另一种动物。如果你期待看见更多的鳑鲏鱼宝宝，可以观察一下鳑鲏鱼的邻居——它们通常藏在水底——那可是鳑鲏鱼家庭"人丁兴旺"的功臣哦。

　　　　　　　　　　　　　　　　　　鱼儿的好朋友左一

19

中华鳑鲏

Rhodeus sinensis

目：鲤形目	科：鲤科
属：鳑鲏属	
科学画绘制：苏 靓	

淡水鱼在河流中的栖息位置

调查目标	鳑鲏鱼一般在浅水区，我们想知道不同的鱼对栖息环境的水流、水深有没有偏好		
调查人	安安 乐乐	调查方式	实地考察
调查地点	湿地公园展览馆	调查时间	5月
调查结果	由于各自不同的食性和耐缺氧能力，不同的鱼喜欢生活在不同深度的水层。以过滤浮游生物为食的滤食性鱼通常生活在水体中上层；而草食性、肉食性、杂食性鱼通常会生活在水体底层。此外，耐缺氧能力强的鱼多生活在水体下层；耐缺氧能力弱的鱼多水体在水体上层		

水体上层：　鲢鱼　白条　鳑鲏

水体中层：　鳙鱼　草鱼

水体底层：　鲤鱼　鲫鱼　鳜鱼　青鱼

动物之间的共生关系

撰稿人○左一博士

鳑鲏鱼的繁殖方式很特别，它们把河蚌当成托儿所。春夏之交的繁殖季里，雌鳑鲏通过细长的产卵管将卵产到河蚌体内。由于河蚌的呼吸翻动水流，使受精卵得到充分的溶解氧，孵化率很高。三四周后，幼鱼发育成形，便离开河蚌生活。而在鳑鲏产卵的同时，河蚌也把卵散在鳑鲏身上，随鳑鲏散播到更远的地方。鳑鲏与河蚌为彼此提供有利于生存繁衍的帮助，这种不同动物之间的互利关系称为共生。

中国动物，很高兴认识你！
中华鳑鲏

安安摄于5月

鳑鲏鱼的生活环境

调查目标	了解鳑鲏鱼对水生态环境的要求		
调查人	安安 乐乐	调查方式	实地考察
调查地点	附近的小河边	调查时间	5月
调查结果	水体情况	清澈	主要水生植物	狐尾藻、金鱼藻
	水体气味	无异味	水中其他动物	河蚌
	水底材质	细石、砂砾	水源周围环境	植物丰茂，无污染，无垃圾

鳑鲏是天然的水质检测员，有鳑鲏活动的水域水质通常优良。《北京市水生态健康等级指示物种》就将鳑鲏鱼纳为水生态健康等级的指示物种，也就是对某一地区的环境特征具有某种指示特性的物种

左一博士：

　　您好！说来挺不好意思的，上周体育课进行体能测验，我才跑了半圈就累得气喘吁吁。所以这周起，我每晚都和爸爸一起去公园夜跑。

　　当我跑过一个弯道时，两个小黑影从我的脚边飞快溜过，我正要看个究竟，一个小黑影迅速钻进了草丛，另一个就地团成了球，一簇簇尖刺在暗淡的灯光下微微颤动，像是在示威或警告："不要靠近！"——啊，原来是刺猬！我兴奋地大声告诉爸爸我的发现。这是我第一次见到野生刺猬，这一刻我完全忘记了跑步的疲累，原来动物真的能给人的身心带来"治愈"。

　　一回到家，我便迫不及待地想跟您分享这份喜悦，左一博士，在公园里安家的刺猬靠什么生存呢？它是流浪动物吗？下次再遇到刺猬我可不可以把它带回家收养？

兴奋的乐乐

乐乐：

　　很高兴你体验到了动物带来的快乐。

　　你在夜跑时偶遇刺猬和它的习性有关。刺猬是夜行性动物，凭借敏锐的听觉和嗅觉，刺猬能在茫茫黑夜中活动自如、寻找食物。这段时间刺猬妈妈会很忙碌，因为现在正是刺猬的繁殖季，刚出生的小刺猬嗷嗷待哺，刺猬妈妈得更多地捕捉昆虫好补充蛋白质，以产生充沛的乳汁来喂养小刺猬。不仅仅是刺猬，许多动物都有分泌乳汁哺育后代的习性，我们把这一类动物统称为哺乳动物。哺乳动物拥有较为发达的大脑，因而能做出比其他动物更为复杂的行为，还能保持相对恒定的体温以适应外界环境。因此，哺乳动物得以成为动物界中形态结构最高等、生理机能最完善的动物。我们人类也属于哺乳动物哦。

　　刺猬是中国的乡土动物，在北方和长江流域尤为常见，我在野外科考时经常遇到这些胆小的小家伙，遇到惊吓便把身体团成一个刺球，这是它的防御性姿态。

　　它们在此出没，说明公园的生态很健康，能为它们提供庇护和充足的食物。刺猬也给公园充当天然的除虫园丁，所以大可放心自然中的刺猬能照顾好自己。而且刺猬通常一家子生活在一起，也许过一阵你就能看见刺猬妈妈带着乳臭未干的小刺猬来探索世界了。刺猬作为群居动物，更喜欢和同类一起生活，所以不要觉得它在"流浪"而想要收养它，我们不应打扰野生动物的生活。

　　期待你能继续收获动物带来的快乐。

同样享受动物带来的快乐的左一

"不要靠近"

刺猬

普通刺猬

Erinaceus europaeus

目：猬形目	科：猬科
属：猬属	
科学画绘制：李亚亚	

中国动物，很高兴认识你！普通刺猬

刺猬真的会用刺搬运食物吗？

乐乐

小时候在绘本上，经常看见刺猬用背上的刺串满果实，但在实地观察中，我们从没看见刺猬这样做。通过查阅动物百科，我们知道刺猬的刺学名叫"刚毛"，主要成分和人的指甲、头发一样是角蛋白。刺猬将刺作为自卫的武器，而不会主动用刺搬运食物，因为刺猬并没有收集、储存食物的习惯。如果你在野外偶遇刺猬，可别往它的刺上扎些食物来投喂，这样反而会惊吓到它。

刺猬的食谱

调查目标	了解公园的生态环境能否为刺猬提供足够的食物		
调查人	安安 乐乐	调查方式	实地观察、查阅资料
调查地点	发现有野生刺猬出没的生态公园	调查时间	5月
调查结果	刺猬最爱的食物是蚂蚁、蟋蟀等昆虫以及蜗牛、蠕虫等软体动物，偶尔也会吃些别的小型动物或植物的茎叶、果实——这些在公园里都非常丰富，看来乐乐不用再为刺猬的口粮担心了		

食谱1.昆虫：
蟋蟀、蚂蚁等

食谱2.小型动物：
小型鼠类、幼鸟等

食谱3.植物性食物：
橡实、野果等

在野外发现刺猬，可以带回家当宠物吗？

乐乐

左一博士在信中叮嘱我们不要打扰野生动物的生活。同时，我们也了解到，野生刺猬身上往往携带着许多寄生虫和病菌，贸然收养野生动物当宠物，不仅有违动物的天性，也会给人带来健康风险。真正热爱动物的人应当让动物在自己熟悉的环境里好好生活。

飞檐走壁的壁虎高手

左一博士：

　　您好！我有点懊恼，因为我的猫咪雪糕"闯祸"了——昨天晚上，雪糕懒洋洋地卧在书桌上陪我读书。当我沉浸在精彩的故事中时，雪糕忽然昂起头，慵懒的眼睛一下子闪起炯炯的光，像雷达锁定目标般紧紧盯着天花板的一角。我好奇地沿着雪糕的目光望去，只见一只壁虎正在天花板上"漫步"，身子倒悬却如履平地，比最强壮的攀岩运动员还要灵活矫健。忽然，壁虎好像感觉到了危险，转头加速爬向窗口。雪糕凌空跃起，伸出爪子猛扑过去。壁虎像施展轻功的武林高手，飞也似的从窗户缝隙爬了出去。雪糕没有追赶，它被另一个东西吸引住了——原来是壁虎的尾巴，这截断尾甚至还在继续扭动。左一博士，我很担心壁虎，它受了很重的伤吗？

希望壁虎能康复的安安

安安：

　　很开心又收到了你的信。如果说哪种爬行动物最能适应城市生活、在我们身边最为常见，毫无疑问，一定是壁虎。
　　顾名思义，爬行动物的标志性特征是以四肢向外侧延伸、腹部接近地面、匍匐爬行的姿态运动。除此之外，身体表面覆有鳞片、体温会随外界温度变化而变化也是爬行动物的特点。蛇、龟鳖、蜥蜴、鳄鱼和已经灭绝的恐龙都属于爬行动物。比起爬行动物家族中的众多成员，壁虎显然是"小字辈"的——在中国的8种壁虎中，最大的大壁虎体长约30厘米，而城市里更为常见的无蹼壁虎、多疣壁虎，通常只有几厘米长。
　　壁虎白天潜伏在隐蔽处，晚上才出来活动。在它捕食的昆虫中，蚊、蝇、蛾等害虫占很大一部分，可以说壁虎是一种对人类有益的动物。壁虎也有很多天敌，不过也别太担心，它自有绝技傍身：一是"飞檐走壁"，这得益于它脚趾上特别的构造；二是"断尾求生"，你看到壁虎在雪糕爪下逃生的那一幕正是壁虎"金蝉脱壳"的战术——放心，壁虎并没有受伤。
　　期待你观察到壁虎的更多奥秘，相信观察这些昼伏夜出、身手敏捷的小家伙能大大锻炼你的观察能力。

动物的好朋友左一

壁虎是怎样繁殖后代的?

乐乐

好几天过去了,那只断尾的壁虎还没有出现。博士说壁虎白天潜伏在隐蔽处,于是我和安安去墙角、缝隙等阴暗的地方想要寻找它。我们没有发现壁虎,但是意外找到一些黄豆大的、米白色的卵,紧紧地黏附在一起,查阅动物百科后,发现这正是壁虎的卵。5—7月是壁虎的繁育季,经过两个月的孵化期,小壁虎便会破壳而出。爬行动物大多是卵生动物,也就是要先产下蛋,然后再孵化,通过这种方式繁育后代,这一点与鸟类很像。但与鸟类不同的是,爬行动物由于不具备恒定的体温,因此无法用自身的体温来孵蛋。

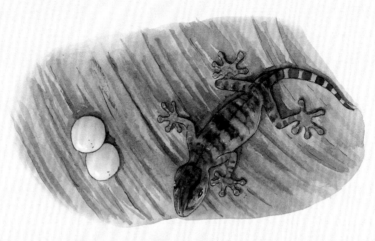

壁虎擅长攀爬的奥秘

撰稿人〇左一博士

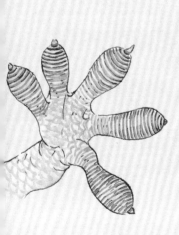

壁虎擅长攀爬,即使是在玻璃这样的光滑物体的表面也能行动自如,正是因为壁虎的脚趾有一种名为"攀瓣"的组织,攀瓣上有成千上万根细微刚毛,这种特殊的结构可以与物体表面之间产生强大的吸附力,将壁虎牢牢地"粘"在物体表面。就像我们使用魔术扣能在牢固黏附和解除绑定之间切换一样,壁虎也能在"吸附"和"脱离"的状态之间灵活切换。壁虎爬行时会先把脚趾卷起来,落下之后再放回原处,通过脚趾的卷起和下落,来改变刚毛与物体表面的接触角度。这让壁虎能做到快速脱附,自由爬行。

多疣壁虎

Gekko japonicus

目：蜥蜴目　科：壁虎科
属：壁虎属
科学画绘制：李亚亚

中国动物，很高兴认识你！
多疣壁虎

壁虎的逃生绝招

安安

我小时候就听过小壁虎借尾巴的故事，这次更是目睹了壁虎"断尾求生"的绝招。原来，壁虎尾部有一个特殊的软骨横隔，遇到危险时肌肉剧烈收缩，就能扭断这个连接使尾巴断落。由于刚刚断开后尾巴神经还是非常活跃的，尾巴还会不断扭动，这样可以分散攻击者的注意力，使壁虎趁机逃之夭夭。其他一些爬行和两栖动物也有类似的自我保护机制。软骨横隔的细胞终生保持胚胎组织的特性，可以不断分化，因此壁虎可以断尾无数次。

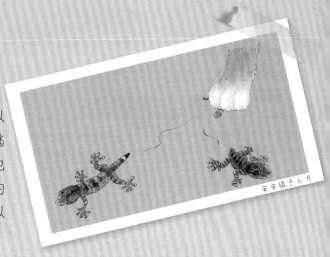

安安摄于6月

左一博士：

您好！我现在正裹着毯子给您写信呢。我和安安在公园里调查身边的野生动物时，风云突变，瓢泼大雨一下子砸了下来，我俩顿时被淋了个透心凉。匆忙躲雨时，哗哗的雨声下有另一种声音——在池塘里、在岸边、在丛生的荷叶和菖蒲间升腾起来，闯入我的耳畔。一开始星星点点，很快便连绵成片，此起彼伏，小小的池塘就像快要沸腾了似的，没想到在这雨天竟能听到这么一场别开生面的演唱会。

您肯定已经猜到了，这正是蛙鸣。安安觉得青蛙是在笑话我俩狼狈，我觉得青蛙是在歌唱雨天。左一博士，为什么雨天里青蛙叫得这么欢快呢？

落汤鸡乐乐

农田 青蛙 守护者

乐乐：

　　看信里你们淋了雨，幸好没感冒。快到夏天了，天气也变化无常，我在野外科考时会带好雨具等必要的装备，你们去户外观察动物时也要注意天气因素哦。

　　每逢阳光灿烂的日子，人们见面常会打声招呼"天气真好"。假如青蛙也会说话，它们可能会在这样的阴雨天互相寒暄"天气真好"。这是因为青蛙会通过皮肤来呼吸，因此青蛙的皮肤很薄，布满毛细血管，分泌湿滑的黏液以更好地溶解氧气。而阴雨天时空气湿度增加，青蛙的皮肤得到充分的湿润，状态也自然活跃起来。

　　皮肤能辅助呼吸——这正是两栖动物的标志之一。两栖动物的历史非常悠久。我们知道生命最初诞生于海洋，两栖动物就是最早登上陆地的动物，在生命史上有着承前启后的意义。所以既能从两栖动物身上看到它们从鱼类继承下来的、适应水生的特性，比如以卵生的方式繁衍、幼体用鳃呼吸等；也能看到它们适应陆栖的特性，比如成体用肺呼吸、用四肢运动等。除了我们熟悉的青蛙，蟾蜍、蝾螈、大鲵也是典型的两栖动物。

　　这次很不巧，大雨淹没了蛙鸣。如果你和乐乐想再次欣赏青蛙的合唱，可以选一个晴朗的晚上去聆听。夏天是青蛙的繁殖季，夜幕降临后，雄蛙会竞相鸣叫来吸引异性。南宋著名词人辛弃疾有"稻花香里说丰年，听取蛙声一片"的佳句，生动描绘了夏夜的动人蛙鸣。

　　而蛙鸣之所以令诗人感到赏心悦耳，是因为这不仅是自然的天籁，也是丰收的佳音——据统计，栖息在稻田里的青蛙，食谱中大部分是飞蛾、飞虱、蝗虫、蝼蛄、青虫等危害庄稼的害虫。青蛙甚至能一天捕食相当于自身体重三分之一的猎物，是名副其实的农田守护者。

　　期待你们能享受一个蛙声如乐的夏天。

　　　　　　　　　　　　　　　　与你一同聆听蛙鸣的左一

青蛙为什么不能长时间 离开水?

撰稿人○左一博士

两栖动物的皮肤通常能辅助呼吸，青蛙也不例外。它的皮肤会分泌一种黏液，以溶解空气中的氧气帮助它呼吸，青蛙需要足够的水分以持续分泌黏液。青蛙的皮肤很薄，保水能力很弱，如果长时间离开水就会因为脱水而死亡。此外，青蛙必须要在水中才能完成繁衍，青蛙的卵必须在水中孵化，青蛙的幼年状态——蝌蚪用鳃呼吸，必须在水中生存。

中国常见的青蛙

调查目标	我们在乡下田边看见一只土褐色的青蛙，不由感到好奇：青蛙一定是青色的吗？我们想知道青蛙是不是有不同的种类		
调查人	安安 乐乐	调查方式	查阅图书、实地观察
调查地点	图书馆、农田	调查时间	6月

<table>
<tr><td rowspan="2">调查结果</td><td>

  "青蛙"是蛙科动物的统称，中国分布有多种蛙科动物，人们都习惯性地称呼它们为"青蛙"，但实际上，它们都有自己的名字，如黑斑蛙、金线蛙、棘胸蛙、虎纹蛙。

各种"青蛙"的特点：

黑斑蛙：背部的颜色为黄绿、深绿、灰绿或略带灰棕，有排列整齐的黑斑。

金线蛙：两条褐色条纹纵贯整个背部，中间有一条明显的中线，肚子是明黄色的。

棘胸蛙：全身黑灰色，皮肤较为粗糙，胸部和背部长有疙瘩，前肢很粗壮。

虎纹蛙：黄绿色或浅棕色的背部布满不规则的深色斑纹，以及纵向排列的条状突起，看起来很粗糙，像老虎的斑纹。

各种"青蛙"的分布：

黑斑蛙：广泛分布于全国大部分地区。

金线蛙：主要分布于东部地区，喜欢栖息在植被茂盛的静水环境中。

棘胸蛙：南方山地丘陵地区比较常见，多栖息于山地溪流中。

虎纹蛙：主要分布于长江以南地区

</td><td>

黑斑蛙

金线蛙

棘胸蛙

虎纹蛙

</td></tr>
</table>

黑斑侧褶蛙

Pelophylax nigromaculatus

目：无尾目	科：蛙科	属：侧褶蛙属
科学画绘制：李亚亚		

中国动物，很高兴认识你！
黑斑侧褶蛙

青蛙之歌

乐乐

　　按照博士的建议，我特地选了个微雨过后的傍晚再去公园池塘，果然听到了蛙鸣声。我还注意到青蛙叫时并不张嘴，而是嘴巴两边有像气囊一样的东西在不断地收缩、鼓起——这是雄蛙特有的声囊。青蛙将空气从肺中排出时会引起声带振动，与口腔相通的声囊相当于共鸣箱，声带发出的声音通过共鸣而更加响亮。在雌蛙耳中，这嘹亮的叫声就像优美的情歌，歌声越嘹亮的雄蛙就越有魅力呢。

青蛙与它的邻居

安安

　　在研究青蛙时，我们也注意到了它的"邻居"——蟾蜍。它俩外形很相似，要区分它们，很考验观察者的眼力：它们通常都在春夏之交时产卵，但青蛙卵是团块状的，蟾蜍卵是条带状的。青蛙蝌蚪体色浅，是青灰色或灰褐色的，活动较为分散；蟾蜍蝌蚪体色很深，接近黑色，喜欢成群结队地游动。青蛙的皮肤一般很光滑，分泌着大量湿滑的黏液；蟾蜍的皮肤则粗糙而干燥，布满疙瘩，体色也多为土黄色、土褐色和黑灰色。此外，青蛙主要的运动方式是跳跃，蟾蜍不擅长跳跃，主要以爬行的姿态活动。

枝头的歌者

蚱蝉

左一博士：

您好！最近天气越来越热，除了蛙声，还有一种声音也越来越响亮。蛙声从水塘里升腾而上，这声音从枝头倾泻而下；蛙声占据了夜晚，这声音挤满了白天——好像接力似的，让夏天的声音一刻不停地填满人们的耳朵。

妈妈说这是蝉的叫声，还说她小时候的蝉声比现在更聒噪呢。不过，我们对于蝉还是"只闻其声不见其人"，所以我和乐乐约好一起去公园看看蝉的"庐山真面目"。博士，在哪里更容易找到蝉呢？蝉为什么会这样不知疲倦地鸣叫呢？

闻声寻蝉的安安

安安:

　　如果说有什么是夏天的标志，那么蝉鸣毫无疑问一定是其中之一。可别嫌它聒噪呀，喧闹的城市里能听到蝉声，反而会让人心中产生回归自然的宁静感，不是吗？

　　这位不知疲倦的歌者不知歌唱了多少个夏天，你听过，我听过，古人听过，甚至史前的巨兽也听过——蝉的祖先是一种生活在1.5亿年前、名为古蝉的昆虫，也许它们的歌谣自从恐龙时代便开始唱起了。

　　实际上，昆虫正是世界上现存的最古老的生物群之一。在约4.8亿年前的奥陶纪晚期，生命轰轰烈烈地由海洋向陆地挺进，节肢动物成为动物中第一批陆地居民。而作为节肢动物中种类最繁盛的昆虫，也开始登上生命演化的舞台。此后，无论地球经历了怎样的沧桑巨变，昆虫依然顽强地生存至今。

　　除此之外，昆虫还有好几项桂冠：在生物界中，昆虫的种类最多，目前世界上已知的动物有150多万种，其中昆虫占了100多万种；昆虫的分布范围最广，大气圈、岩石圈、水圈……昆虫的足迹遍布地球的各个生态圈层，甚至在地下十几米深的石油层中都能找到昆虫的身影。难怪科幻小说中写道：虫子从来就没有被真正战胜过。

　　悠悠的蝉声可以说是昆虫的赞歌了。不过这歌声可来之不易，幼年的蝉要在地下度过几年暗无天日的生活，北美洲甚至有一种蝉要在地下穴居17年才会破土而出。正因为如此，每年都要翻土的农田不适合蝉栖息。蝉喜爱干燥、阳光充足的林地。你可以循着蝉声，去树冠浓密、嫩枝较多的阔叶树上寻找蝉。

　　蝉羽化为成虫后的平均寿命只有15天左右，它将这宝贵的阳光下的生命都用来歌唱。别担心蝉会疲惫，它并不依赖嗓子发声。仔细观察蝉的腹部，相信你能发现这位夏日歌唱家的秘诀。

回味蝉鸣的左一

35

黑蚱蝉

目：半翅目	科：蝉科
属：黑蚱蝉属	
科学画绘制：苏 靓	

蝉的一生

安安

　　我和乐乐从"金蝉脱壳"这个成语中获得启发，晚上特意去树林观察，看到了蝉的"变身"。查阅到更多资料后，我们了解到蝉的一生是多么执着而不易！

　　①雌蝉在树皮下产卵。卵呈细长的米粒状。

　　②约一年后，卵孵化成通体白色略透明的若虫，此时的它只有蚂蚁一般大，但已经有了胸前的一对挖掘足，可以挖开土壤进入地下，开始 2~3 年的蛰伏生活，靠吸食植物根脉的汁液为生。

　　③在地下蛰伏数年、历经 4 次蜕皮后，若虫破土而出，此时它的体型比刚入土时大了很多倍。

　　④若虫向高处爬，即将完成最后一次蜕皮。

中国动物，很高兴认识你！ 黑蚱蝉

⑤最后一次蜕皮成功，若虫变为成虫（这一过程称为"羽化"），此时的蝉变成了我们最通常见到的样子，不过体色呈鲜艳的绿色。

⑥约一小时后，蝉的颜色变深，翅膀也结实成型，可以飞起来了！

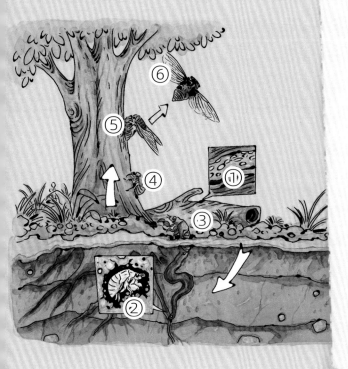

昆虫的 变态发育

撰稿人○左一博士

有些动物在发育过程中，形态结构和生活习性会在短时间内发生显著的变化，这就是变态发育。

昆虫和两栖动物的变态发育最为典型。

变态发育又分为不完全变态发育和完全变态发育。对昆虫而言，一生需要经历卵、若虫（不完全变态昆虫的幼虫称为若虫）、成虫3个阶段的属于不完全变态发育，如蝉，以及蟋蟀、螳螂、蜻蜓；一生需要经历卵、幼虫、蛹、成虫4个阶段的属于完全变态发育，如蝴蝶、蜜蜂、蚕蛾。

蝉为什么一直叫？

乐乐

会叫的蝉都是雄蝉，和蛙鸣类似，雄蝉是用鸣叫声来吸引异性。为了求得配偶，动物们会使出浑身解数，除了利用"歌声"，还各有千秋，比如雄孔雀会通过开屏吸引雌孔雀的注意，雄园丁鸟会尽力筑造一个美观舒适的巢以博得雌鸟的青睐。动物为了繁衍生息可真是煞费苦心啊！

蝉肚子上的秘密

安安

左一博士提示说蝉"唱歌"的秘诀在它的腹部，我们捉到了几只蝉，发现它们的腹部有明显差异。查阅昆虫图鉴后我们知道，原来腹部有蒙了层膜的鼓形器官的是雄蝉，这个器官是中空的，当雄蝉后翅部的肌肉带动发声器官摩擦振动时，通过共鸣作用放大振动产生的声音。雌蝉则没有这个构造。

动如雷霆的**刀客** 螳螂

左一博士：

　　这周末外公生日，我们全家去给外公祝寿。外公喜欢花草，小院里郁郁葱葱，我满心欢喜地浇起花来。当浇水壶拨开茂密的花丛时，一只张扬舞爪的小虫纵身跃出。它个头不大但气势十足：触须高高扬起，犹如冲冠的怒发；翅膀微微张开，好似招展的披风；胸前一对锯齿森森的"大刀"蓄势待发。也许它把浇水壶当成了入侵者，摆出架势严正警告："这儿是我的领地！"尽管浇水壶比它大上许多倍，另外后面还有我这么个"庞然大物"，但它仍寸步不让。

　　这小虫正是螳螂，这一幕正是"螳臂当车"的生动再现。我没有伤害这个"不自量力"的小家伙，而是抓拍下了和它对峙的一瞬，把这小虫儿的英勇分享给您。

　　　　　　　　　　　　　　　成功抓拍的安安

安安：

　　你的抓拍真棒，描述也很精彩——如果动物也有气质的话，螳螂正是这样一种有着优美又强悍气质的迷人动物。

　　螳螂最明显的特征是它的前肢，不仅更粗壮，而且布满尖刺，和另两对后肢的形态明显不同——这显然是为了捕猎。这种为了适应某种环境或满足某种需求，在演化中使某个器官过于发达、具备独特功能的现象称为特化。螳螂的前肢正是典型的特化。

　　成年螳螂通常能长到10~15厘米，属于大型食肉昆虫。如果你再仔细观察，会发现螳螂的三角形脑袋能任意旋转以观察四方，有一对强劲的大颚能牢牢钳制住猎物，再加上特化的前肢，这些特征共同揭示了螳螂的真面目——令无数小动物胆寒的狩猎高手。凭借草绿色或枯褐色的伪装色，螳螂能完美地融入环境，静待猎物懵懂无知地进入"大刀"的攻击范围后，便会发动雷霆一击，动作之快连人眼都看不清。甚至壁虎、青蛙、小鸟这样的小动物也在它的食谱上。强大的螳螂有一种天敌，却是一种没有"爪牙之利、筋骨之强"的小虫子——动物世界就是这么奇妙。

　　总的来说，螳螂捕食的主要是蝗虫、蚱蜢等啃食作物的害虫，有这样一位"刀客"镇守在此，外公便不用担忧心爱的花草遭受虫害，就让螳螂担当这花繁草盛的小院的"领主"吧！

　　　　　　　　　　　　　　　赞叹精彩抓拍的左一

螳螂的捕食动作

安安

为了一睹螳螂捕食的英姿，我和乐乐在花丛边蹲守了很久来跟拍。博士说得果然不错，动作快如闪电。幸亏我们录了下来，再一帧一帧慢放，终于看清了螳螂是怎样用特化前肢进行投、刺、夹、拉的一系列动作，干净利落地捕获猎物的。螳螂真是天生的猎手！

雌螳螂是可怕的新娘吗？

撰稿人○乐乐

雌螳螂会吃掉配偶的说法广为流传。的确，一些动物中的雌性在交配后会吃掉雄性，这一现象称为"性食同类"。科学家做过不同对照组的实验，发现螳螂"性食同类"的现象是否发生较为随机，取决于雌螳螂是否饥饿。当雌螳螂饥肠辘辘时，出于摄食本能，会毫不留情地把前来交配的雄螳螂当成猎物。雄螳螂的体型明显小于雌螳螂，且出于繁育后代的本能，因此雄螳螂几乎不会攻击雌螳螂。此外，雄螳螂接近雌螳螂前会小心翼翼地试探，交配时从雌螳螂背后跃上，完成交配后迅速逃离，并没有无私奉献自己的"觉悟"。

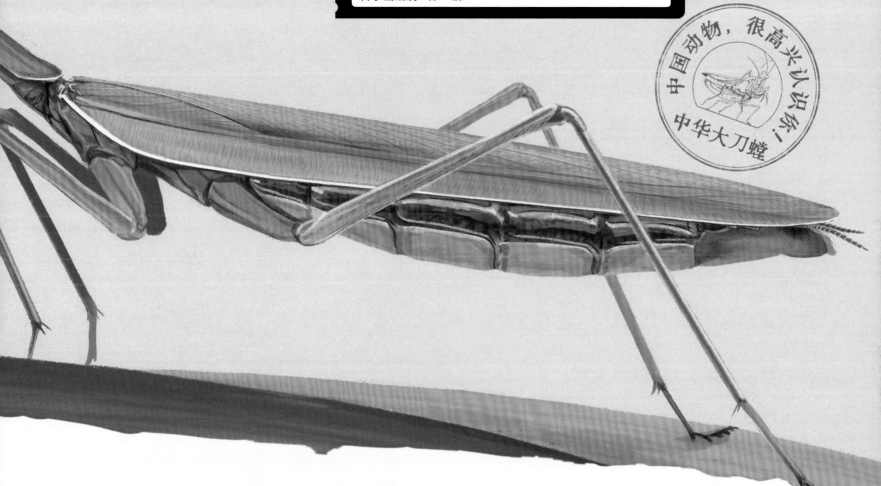

中华大刀螳
Tenodera Sinensis

目：螳螂目	科：螳螂科	属：大刀螳螂属
科学画绘制：苏 靓		

中国动物，很高兴认识你！
中华大刀螳

动物之间的**寄生关系**

乐乐

　　动物之间中除了鳑鲏鱼和河蚌互相依存的共生关系，还有不那么和谐的寄生关系，也就是一种动物将另一种动物（也就是它的宿主）的身体作为自己的居住场所和营养来源，博士说的螳螂的天敌——一种名为"铁线虫"的动物——便是通过寄生"征服"强大的螳螂的。顾名思义，铁线虫的外形就像一根铁黑色的长线，它的幼虫会通过螳螂捕食其他动物或饮水时进入螳螂体内，并汲取螳螂的养分，当它发育成熟时，为了回到水中产卵便"操控"螳螂来到水边。这时，铁线虫从螳螂体内破腹而出，作为宿主的螳螂则沦为一具待死的躯壳。

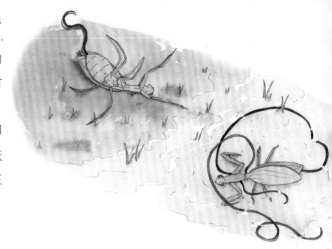

角落里的鼠妇
居民

左一博士：

　　期盼已久的暑假就要到了！今天是假期前的大扫除，要清理校园的卫生死角。于是我和乐乐来到花园角落的排水沟，这里照不到阳光，还积累了厚厚的枯枝落叶，有些已经腐烂，就像外公养花时堆肥的腐殖质。我捏着鼻子，用扫帚拨开这些陈年的"垃圾"，这时一群黑灰色的小虫奔逃而出。它们长有许多对脚，惊慌地寻找缝隙躲避，其中一些还像刺猬一样团成球，只不过没有尖刺，而是披着甲壳。乐乐说这叫"西瓜虫"——博士，它们的学名叫什么呢？为什么要生活在这样糟糕的环境里呢？

　　　　　　　　　　　　因为新发现而开心的安安

　　　安安：

　　　　即便是既不起眼也不讨喜的"西瓜虫"也能引起你的关注，看得出来你非常喜欢动物。带着这样的好奇心，相信你会在生活中收获更多有趣的知识。

　　　　乐乐说得没错，这些小家伙的确有"西瓜虫"的别名，因为受惊时会团成一个球，就像个小西瓜似的。它的学名叫鼠妇，但有一点需要纠正，鼠妇并不属于昆虫纲，而属于节肢动物中的甲壳纲。

　　　　节肢动物是动物的一大类群，它们的身体一般分为多个环节，身体外面有一层像铠甲一样起到保护作用的外骨骼，但这外骨骼定型后便无法扩大，因此节肢动物需要通过蜕皮来成长。昆虫是节肢动物中的一类，鼠妇所属的甲壳纲也是节肢动物中的一类。除鼠妇之外，常见的节肢动物还包括蜘蛛、蜈蚣、蝎子等。

　　　　节肢动物的分布极为广泛，几乎遍布世界的每一个角落，有些种类还寄生在其他动物的体内或体外，所以，也别惊讶于鼠妇为什么选择栖息在潮湿腐败的环境里。实际上，鼠妇很喜欢石块下、腐木里、落叶堆、苔藓丛等阴暗潮湿的地方，所以它还有个名字叫"潮虫"。因为在这样的环境里，枯枝败叶更容易腐烂，成为鼠妇的食物来源。鼠妇取食、消化腐烂的植物残渣，能促进腐殖质的分解和循环利用，这有助于保持土壤肥力。在维系生态平衡方面，鼠妇和蚯蚓扮演着类似的角色。

　　　　你瞧，人类眼中的阴暗角落却是鼠妇眼中的美好家园，人类眼中的垃圾却是鼠妇眼中的美食。所以，不要轻易用人类的标准来衡量动物，尊重动物特有的生活方式也是爱护动物的体现。

　　　　　　　　　　　　　　　　尊重动物的左一

鼠妇

Porcellio sp.

目：等足目　科：潮虫科
属：鼠妇属
科学画绘制：苏　靓

中国动物，很高兴认识你！
鼠妇

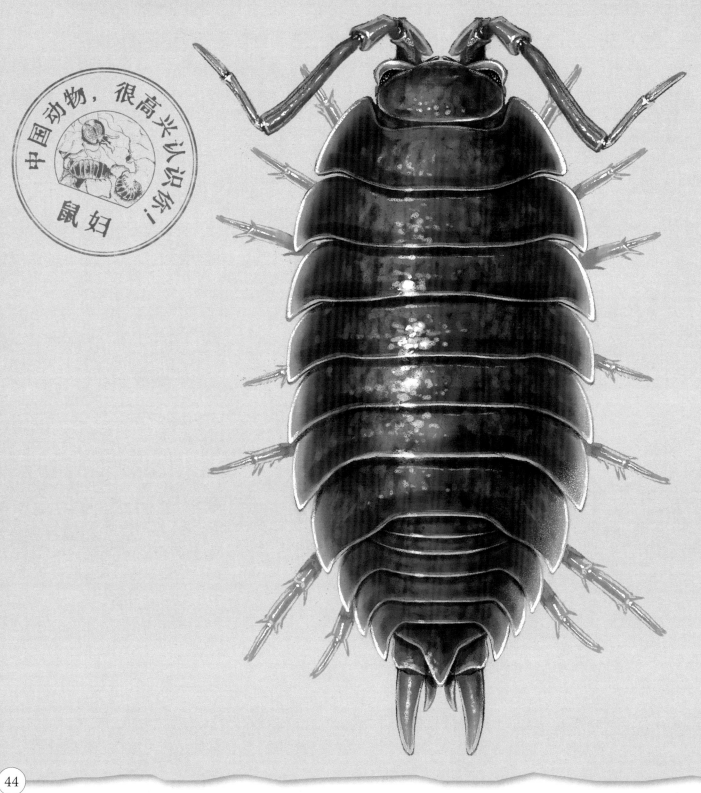

44

鼠妇的 "盔甲"

安安

顾名思义，甲壳类动物有盔甲似的外骨骼，鼠妇也不例外。鼠妇外骨骼的主要成分是几丁质，又称甲壳质，是一种天然的高分子聚合物。尽管几丁质的强度比不上哺乳动物的骨骼，但具有密度低、保水性好（这一点对于陆栖生活很重要）的优点。鼠妇的头部很小，胸部和腹部分别有7节、6节。受到惊吓如果无处躲避时，鼠妇就会缩成一团，用这13节"盔甲"把自己保护起来。这种自我保护的方式有点类似于刺猬、穿山甲和犰狳。

鼠妇为什么喜欢生活在阴暗潮湿的环境里？

撰稿人○左一博士

鼠妇虽然是甲壳类动物中唯一一种陆栖的，但它对陆栖生活适应得并不彻底，需要利用特化的鳃辅助呼吸，而它的鳃在空气湿度较高时才能发挥作用，所以鼠妇偏爱潮湿的环境。

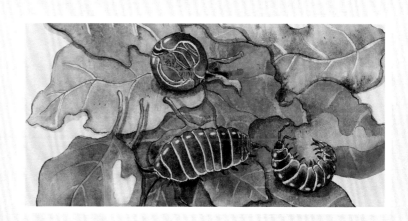

甲壳类动物与昆虫的区别

调查目标	左一博士说鼠妇是甲壳类动物，和昆虫同属节肢动物的两大类群，我们想知道它们有什么区别		
调查人	安安 乐乐	调查方式	实物观察、请教科学课老师
调查地点	小花园、科学课标本室	调查时间	6月
调查结果	甲壳类动物： 腿：通常多于6条 触角：一般有两对 身体结构：身体通常分为头胸部和腹部，也就是头部和胸部的分节不明显 栖息环境：除鼠妇外，基本生活在水中，如虾、螃蟹		昆虫： 腿：有6条 触角：一般有一对触角 身体结构：身体分为头、胸和腹三段，分节明显 栖息环境：大部分生活在陆地

鼠妇宝宝长这样

乐乐

认识了鼠妇后，安安便经常蹲到角落里去观察。今天她惊喜地宣布发现了一种白色的鼠妇，外形和通常的鼠妇相仿，只是个头较小。那其实是鼠妇宝宝。幼年的鼠妇通体白色，和其他节肢动物一样，鼠妇的成长过程中也需要蜕皮。每蜕一次皮，它们就会长大一点，颜色也会变深，直到完全成熟后定格为约10毫米长的体型、黑灰色或棕褐色的体色。

左一博士：

我们终于放暑假啦！假期里我们有一项特别的作业——写动物观察笔记。恰巧早晨下了场小雨，雨后一只蜗牛爬到我的窗前，于是我决定就观察它啦。说干就干，我立刻去小区绿地里搜寻了一圈，居然发现了几种不同的蜗牛。它们背着沉甸甸的壳，在草叶上慢悠悠地散步，彼此见面了还会碰一碰触角，好像在打招呼，看起来真会享受生活。我捉回了几只蜗牛，安置在饲养盒里，从今天起开始观察、记录它们的状态。博士，照顾蜗牛需要注意些什么呢？

对蜗牛好奇的乐乐

乐乐：

很高兴你开始写观察笔记了，这让我想起了一百多年前的博物学家，他们也是这样兴致勃勃又饶有耐心地面对着动物，记录下自己的观察和思考。期待你完成这项很有意义的任务。

蜗牛也的确适合观察，它行动很迟缓，这也是软体动物的一大特征。但可别望文生义，以为软体动物就是身体柔软的动物。比如毛毛虫或蚯蚓的身体就很绵软，但它们不是软体动物。软体动物一般身体柔软，拥有坚硬的外壳，通常借助腹部下的、吸盘状的宽大肉足爬行，行动很迟缓——但也有少数例外，比如章鱼、鱿鱼。

蜗牛的祖先生活在水中，为了保护自己而演化出硬壳，就像螺、贝那样（直到今天，一些语言中还用同一个单词来指代"蜗牛"和"螺蛳"，也反映了它们的渊源）。登陆之后，蜗牛仍继承了祖先的壳，也继承了祖先顽强的生命力。当温度过高或过低时，蜗牛就会进入休眠状态，钻入土中，并分泌形成一层石灰质的盖子封住壳口。遇到干旱等极端气候时，蜗牛也会进入休眠状态以度过灾年，最长可达数年。如果今年夏天够热，也许你能看到蜗牛"夏眠"。

蜗牛喜欢凉爽、湿润的环境。比如你和它们偶遇的雨后清晨，正是蜗牛活跃的时候。但蜗牛不能在水里呼吸，如果你想让蜗牛在饲养盒里过得舒适些，注意保持湿润、通风，但不要形成积水。另外，我记得你爱吃海苔，但可别分享给蜗牛，海苔的含盐量很高，这对于蜗牛来说可能是致命的，多汁的植物嫩芽才是蜗牛喜爱的食物。

最后，我注意到你的饲养盒里有的蜗牛是外来品种，尽管它们本身没有毒性，但可能携带寄生虫，尽量不要直接触碰。期待这些蜗牛能陪伴你度过一个充实的暑假。

期待你的观察成果的左一

恋家的 旅行者

蜗牛壳的**内部构造**

乐乐

蜗牛真恋家啊，去哪儿都要背着沉甸甸的壳，蜗牛壳里到底有什么呢？在动物透视图鉴里我终于看见了蜗牛壳里的构造——真是别有洞天，看来把成语"麻雀虽小，五脏俱全"的主角换成蜗牛，也非常恰当。

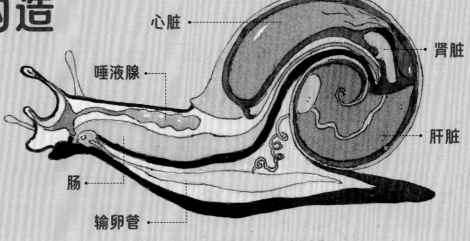

心脏
肾脏
唾液腺
肝脏
肠
输卵管

放暑假啦！

神奇的**牙齿**

撰稿人〇左一博士

可能出乎你的意料，小小的蜗牛有一项世界之最的桂冠——蜗牛是世界上牙齿数量最多的动物，足有一万多颗，部分种类的蜗牛牙齿甚至能超过两万颗。这些牙齿非常小，借助显微镜放大一千倍才能看见，并且不是长在口腔里，而是排列在舌头上，因而称为"齿舌"。觅食时蜗牛伸出齿舌的前端，像刨刀一样刮取、研磨食物。

蜗牛为什么**怕盐**？

乐乐

博士提醒我蜗牛怕盐，原来这与软体动物的特性有关。软体动物的体内水分含量很高，通常超过80%，而它们的"皮肤"实际上只是一层薄膜，不像人类皮肤那样能阻断水分流失。而水会从低浓度一侧渗透到高浓度一侧，因此如果让蜗牛接触到盐或者含盐量高的东西，便会导致水分迅速流失到体外，甚至脱水死亡。

盐-蜗牛的大敌

盐

快逃！

江西巴蜗牛

Bradybaena kiangsinensis

目：柄眼目	科：巴蜗牛科	属：缓行螺属
科学画绘制：李亚亚		

中国动物，很高兴认识你！
江西巴蜗牛

蜗牛的"足迹"

撰稿人◎乐乐

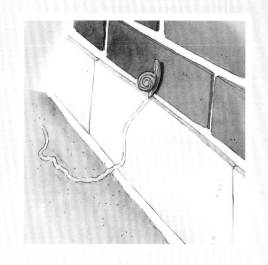

　　蜗牛的身后总是拖着一条亮晶晶的线，我正是沿着"亮线"捉到了好几只蜗牛。这"亮线"是蜗牛黏液干燥后留下的痕迹。蜗牛的腺体会分泌黏液，相当于在身下铺了一层薄膜，避免柔软的腹足与地面直接摩擦，起到了保护作用。凭借这一本领，蜗牛甚能在刀刃上爬行而不受伤害。但在弱肉强食的大自然中，随意暴露自己的踪迹可不是件好事，寻踪而来的不仅有我，也有蜗牛的天敌——萤火虫。萤火虫的幼虫擅长通过蜗牛的爬行痕迹追踪蜗牛，发现蜗牛后，先伸出针一样的上颚刺入蜗牛体内释放麻醉剂，再分泌消化液，将蜗牛分解成流质吸入腹中。

专题1

ZOOTAXY

动物的分类

人也适用于这套分类标准，比如安安如果要对自己进行生物学分类，就是动物界-脊索动物门-脊椎动物亚门-哺乳纲-真兽亚纲-灵长目-人科-人属-智人种。

《动物日报》·动物分类学特刊

　　全世界有 200 多万种动物，为了更系统地研究它们，生物学家编制了一套分类系统，由大而小依次是界、门（亚门）、纲（亚纲）、目（亚目）、科（亚科）、属（亚属）、种（亚种），其中，"种"是生物分类学的最基本单元。

　　18 世纪的瑞典科学家林奈是现代生物分类学的奠基人，正是他首先提出界、门、纲、目、属、种的物种分类法（后世科学家补充了"科"），创立了动植物双名命名法。在认识动物时，我们会看到它的学名后面有一串斜体的字母，这正是它的拉丁文学名，由以下部分组成：属名（指它是什么）+种加词（指它的特征）+命名者（发现并命名这一物种的人及时间，通常可省略）。比如人的拉丁文学名是 *Homo sapiens*，*Homo* 意为"人属"，*sapiens* 意为"聪明的"，正是"智人"的学名。掌握了这一命名规则后，全世界的学者便能超越语言、文化的差异，在科研工作中不至于产生混乱。（●特约记者 左一博士）

在我们的日常生活中，还可以根据动物的外在特征做一些简明的分类判断，以下是动物分类的简表。你能把右侧的动物正确分类吗？

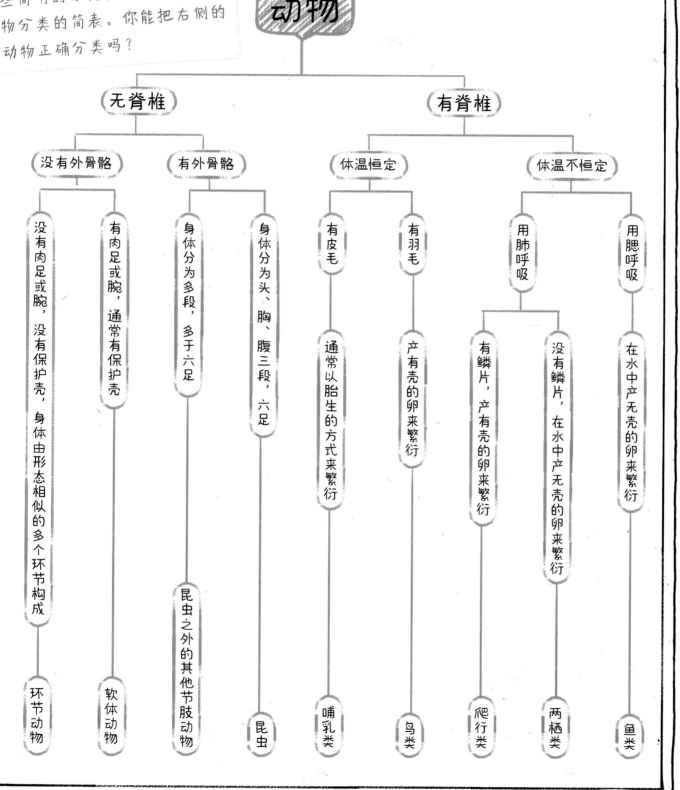

动物

无脊椎

有脊椎

没有外骨骼

有外骨骼

体温恒定

体温不恒定

没有肉足或腕，没有保护壳，身体由形态相似的多个环节构成

有肉足或腕，通常有保护壳

身体分为多段，多于六足

身体分为头、胸、腹三段，六足

有皮毛

有羽毛

用肺呼吸

用腮呼吸

昆虫之外的其他节肢动物

通常以胎生的方式来繁衍

产有壳的卵来繁衍

有鳞片，产有壳的卵来繁衍

没有鳞片，在水中产无壳的卵来繁衍

在水中产无壳的卵来繁衍

环节动物

软体动物

昆虫

哺乳类

鸟类

爬行类

两栖类

鱼类

蚯蚓

蜗牛

青蛙

蛇

鳑鲏鱼

喜鹊

刺猬

鼠妇

螳螂

是喜鹊。在你读本册书的时间里，世界上接近 1200 公顷森林被夷为平地。保护自然栖息地，给动物一个完整的家。

中国动物，很高兴认识你！

观察手账

中国儿童自然百科通识绘本

2

伴侣动物

米莱童书 著绘

北京理工大学出版社
BEIJING INSTITUTE OF TECHNOLOGY PRESS

中国动物
很高兴认识你
北京市科学技术协会
科普创作出版资金资助项目

图书在版编目（CIP）数据

中国动物：很高兴认识你：全4册 / 米莱童书著绘
. -- 北京：北京理工大学出版社，2023.11
　ISBN 978-7-5763-2669-7

　Ⅰ.①中… Ⅱ.①米… Ⅲ.①动物—中国—儿童读物
Ⅳ.①Q95-49

中国国家版本馆CIP数据核字(2023)第142099号

责任编辑：李慧智　　文案编辑：李慧智
责任校对：周瑞红　　责任印制：王美丽

出版发行 / 北京理工大学出版社有限责任公司
社　　址 / 北京市丰台区四合庄路 6 号
邮　　编 / 100070
电　　话 / （010）82563891（童书售后服务热线）
网　　址 / http：//www.bitpress.com.cn

版 印 次 / 2023 年 11 月第 1 版第 1 次印刷
印　　刷 / 雅迪云印（天津）科技有限公司
开　　本 / 787 mm × 1092 mm　1 / 12
印　　张 / 17$\frac{1}{3}$
字　　数 / 400 千字
定　　价 / 200.00 元（全 4 册）

动物观察手账

这是安安和乐乐的手账本。这里有我们和动物学家左一博士的通信、我们的调查报告、观察记录、《动物日报》里的剪报、抓拍的照片和手绘涂鸦，还有精心收藏的动物科学画。

这里有 40 种动物。也许你会奇怪，怎么没有大熊猫、金丝猴等声名在外的保护动物呢？实际上，关心动物不应当只在乎动物中的明星，那些不起眼的、那些默默陪伴在我们身边的、那些被人们嫌弃甚至厌恶的、那些时常化身为不速之客的动物，它们没有明星的光环，而依然奋力生存。它们同样值得我们关注，同样是"中国动物"的代表。

这也是热爱动物的人共同的作品：左一博士给我们分享了许多奇趣的知识，身处一线的保育工作者给我们讲述了不为人知的见闻，专业的科学画师给我们绘制了作为鉴定动物依据的"标准照"……我们也在观察过程中总结出了很有用的技巧和工具，高兴地分享给你，期待你也能记录下自己的观察所得，让这本手账越来越丰富、精彩！

哇，谁家的宝贝！

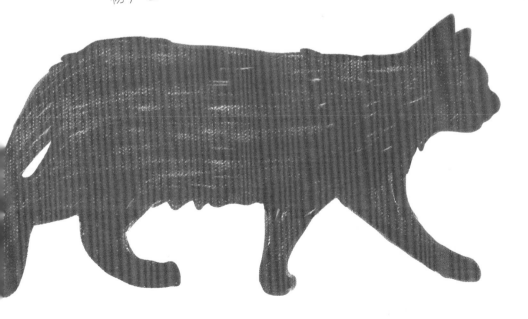

序

当你伴着朝阳上学时，猫头鹰正疲惫地飞回巢穴；当你思量着中午的饭菜时，享受日光浴的猫正慵懒地打盹；当你在体育课上挥洒汗水时，枝头的蝉正放声高歌；当你沉沉睡入梦乡时，壁虎正爬过茫茫夜色……当你享受生活时，动物也在与我们共享同一片家园。

同享一片家园，我们怎么能不关心邻居呢？孔子曰："多识于鸟兽草木之名。"动物犹如一面镜子，能鉴照异彩纷呈的大自然，能鉴照悠久沧桑的文明史。

动物栖息在各种各样的环境：从积雪皑皑的高原雪山，到暑气腾腾的热带丛林；从辽阔苍茫的塞外草原，到荞麦青青的田间地头……动物恰如大自然的形象代言人，讲述生命的传奇。仔细倾听，你能了解到生命演化的历程、生态系统的奥秘。

动物也给文明进程留下烙印：龟甲和兽骨曾刻有汉字的雏形，蛇的身躯曾融入古老的图腾，鸽子的羽翼曾寄托殷切的思念，蚕的丝线曾承载通商致远的希望……动物恰如历史的生动注脚，耐心品读，你能了解到历史的变迁、文化的多元。

像夫子说的那样，去多认识一些"鸟兽草木之名"吧，去认识那些毛发鬣鬣、羽翼翩翩、鳞甲森森的邻居吧。在这里，我满怀期待地推荐这套《中国动物，很高兴认识你》。

在这里，你会认识 40 种中国原生的乡土动物和在中国历史文化中有着深刻内涵的动物。在这里，你也会结识更多热爱动物的朋友——专业的科学绘画师。正是他们亲手绘制了本书的科学画，通过不同视角和尺度的转换叠合，画出动物的准确形态，凸显出最重要的细节，留下一张可以作为物种鉴定依据的"标准照"，铭记生命的永恒。在这里，让我们一并向动物科学绘画师、动物保育工作者及所有真正投身于环保事业的人们致敬！

期待你在这里，爱上动物；在这里，亲近自然。

中国科学院动物研究所博士、研究馆员
国家动物博物馆副馆长

张劲硕

国家动物博物馆科普策划 张劲硕博士（左一）

学术指导

张劲硕

中国科学院动物研究所博士、研究馆员，
国家动物博物馆副馆长

（这张合影为张博士带来了"左一"的趣名，他正是本书中与小主人公通信的动物学者）

米莱童书

米莱童书是由国内多位资深童书编辑、插画家组成的原创童书研发平台。旗下作品曾获得 2019 年度"中国好书"，2019、2020 年度"桂冠童书"等荣誉；创作内容多次入选"原动力"中国原创动漫出版扶持计划。作为中国新闻出版业科技与标准重点实验室（跨领域综合方向）授牌的中国青少年科普内容研发与推广基地，米莱童书一贯致力于对传统童书进行内容与形式的升级迭代，开发一流原创童书作品，适应当代中国家庭更高的阅读与学习需求。

特约观察员

特约观察员既是小读者，也是小作者，他们的细致观察与周密调查为本书贡献了第一手素材。

王振全　　（北京市朝阳区第二实验小学）

陈毅轩　　（北京育才小学）

刘米莱　　（人大附中亦庄新城学校）

孙雯悦　　（人大附中亦庄新城学校）

张馨月　　（北京第一实验小学红莲分校）

原创团队

策划人：　　陶然

创作编辑：　陶然　　孙运萍

绘画组：　　小改　　都一乐　　李玲　　孙愚火

科学画绘制组：李亚亚　　苏靓　　肖白　　许可欣　　郑秋旸

美术设计：　刘雅宁　　张立佳　　辛洋

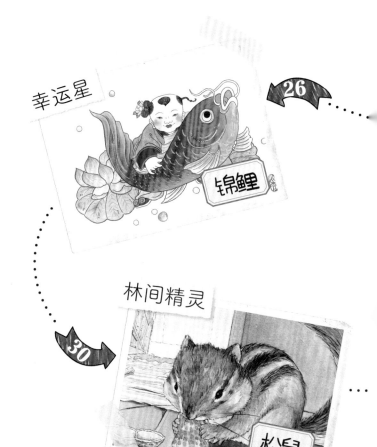

自然寻踪

幸运星　　26
锦鲤

林间精灵　　30
松鼠

专题：
动物的驯化　　50

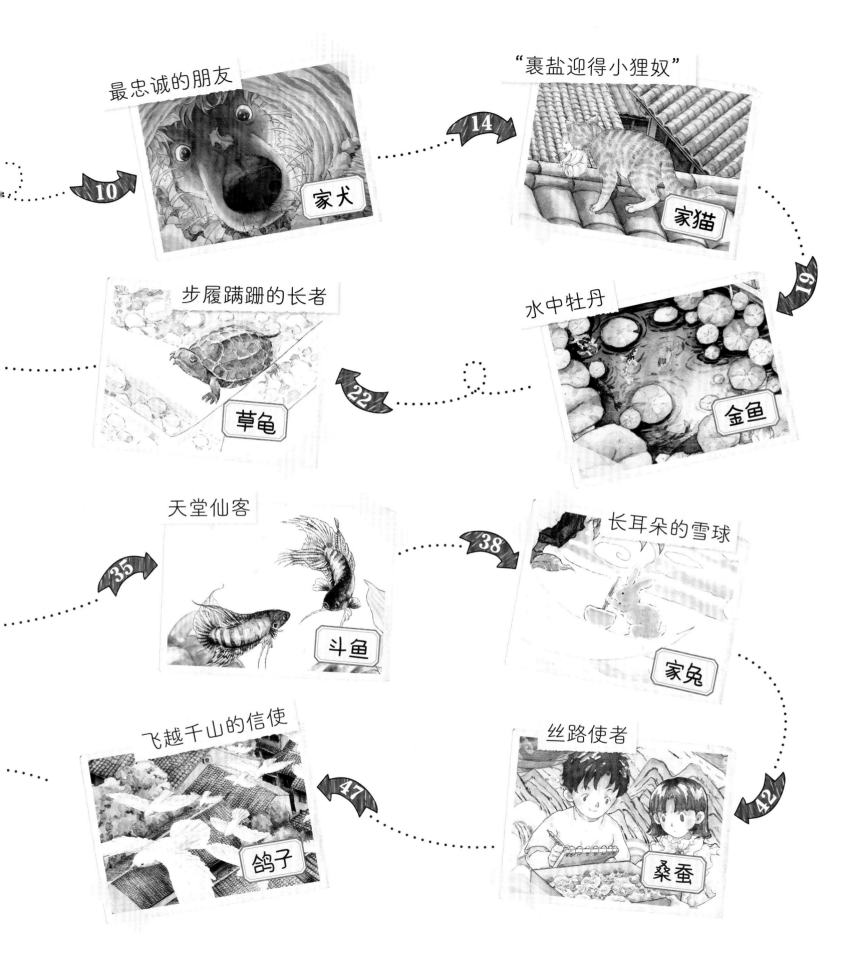

调查人	喜欢有动物相伴的安安和乐乐
调查背景	左一博士科考回来，送给我们一份特别的礼物———只小田园犬。我们高兴极了，和小狗朝夕相伴，非常享受动物带来的快乐
调查目标	探访身边同样喜欢动物的朋友们，看看他们养了哪些宠物

调查对象	伴侣动物	调查时间	暑假

调查地点	朋友的家里、宠物市场、公园
调查方法	亲自饲养、实地观察、采访宠物主人、查阅资料、和左一博士通信
调查结果	有动物相伴真快乐！我们见到了各种各样的宠物，逐渐明白了动物为什么能成为人的伙伴，以及怎样和这些不会说话的伙伴们打交道，我们继续向《动物日报》投稿，这次更适合发表在文化版上……

左一博士：

您好！这个暑假里最开心的事情便是家里添了一位新成员——您送给我的小狗。

我每天都带着它去公园遛弯。它对世界充满好奇，四处嗅探，甚至还发现了刺猬的洞穴，真是个小机灵鬼。它不仅机灵聪明，还和我心有灵犀：我高兴时，它便围着我欢蹦乱跳；我郁闷时，它便静悄悄地依偎在我身旁。就算哪天它开口对我说话，我也不会感到惊讶。我不由得好奇，狗为什么会与主人这样有默契呢？同时我也有点儿惭愧，我对它的了解似乎远远少于它对我的了解。博士，我怎样才能读懂它的心思呢？

和小狗形影不离的乐乐

最忠诚的朋友

10

乐乐：

　　很高兴你体验到了动物伴侣带来的快乐。当然，这不仅仅是快乐，也是责任，既然选择接纳它，就要担负好这一责任，做一个文明且尽责的主人。

　　在众多动物伴侣中，狗毫无疑问是历史最久的，被称为人类"最忠诚的朋友"——这一特质是从它的祖先身上继承的。狼是社会化程度很高的动物，狼群的成员等级有序，遵从头狼的"号令"。由于等级观念和服从意识早已融入基因，狗往往将主人视为头领，极为忠诚、服从。

　　除此之外，狗还从祖先身上继承了敏锐的感官能力，尤其是嗅觉极为出众。狗的鼻腔里有3块复杂卷曲的鼻甲骨，这大大增加了鼻腔内部的表面积，使鼻腔足以容纳上亿个嗅觉神经细胞，也减缓了空气穿过鼻腔的速度，为嗅觉判断提供了更充足的"作业时间"。相比较之下，人类鼻腔内部仅有1块平整的鼻甲骨，容纳了约500万个嗅觉神经细胞。而且狗的大脑构造中有更多的区域用以处理嗅觉神经传递的信息。人类利用狗的这一特长，训练狗帮助狩猎、追踪和缉毒，让狗不仅成为可亲的生活伴侣，也成为可靠的工作助手。

　　演化至今，狗已分化出400多个品种，陪伴着世界各地的人们，也适应了不同的生活环境与工作需求。比如西伯利亚雪橇犬有着比大多数狗都要致密厚实的皮毛，体力充沛，担负起在冰天雪地中牵引雪橇的使命；比如原产于苏格兰的边境牧羊犬，聪明敏锐，能很好地帮助农民管理羊群……而送给你的这只小狗，则是中国土生土长的犬种——中华田园犬。

　　田园犬是中国最古老的犬种之一。它的毛色很杂，常见的是麦黄色，因而时常被昵称为"阿黄""大黄"。田园犬很少生病，食性广杂，简单的照料就能让它茁壮生长。它的性格温顺，但护主时又机警勇敢，非常适合看家护院，有时还能客串一下猎犬。比如秦朝的李斯就有过"东门黄犬"之叹，怀念牵着黄犬游猎的悠然岁月。苏轼的一首出猎词里也有"左牵黄，右擎苍"的句子。可见，"大黄"自古以来便是中国人的好帮手。今天，越来越多的人也爱上了田园犬，尽管在城市中已没有田园需要它们看守，但它们仍像祖辈一样，用活泼的身姿、体贴的灵性以及所传承的乡土记忆和田园气息，抚慰着主人的心灵。

　　这些不会说话的伙伴当然也有自己的感受——狗会通过耳朵、嘴巴、脖颈、尾巴等部位的活动来传达情绪或意图，仔细观察它的肢体动作，相信你能渐渐读懂这位忠诚朋友的特殊"语言"。

　　　　　　　　　　　　　　　　　　　　　　　爱狗的左一

家犬

目： 食肉目　**科：** 犬科　**属：** 犬属

科学画绘制：郑秋旸

中国动物，很高兴认识你！
家犬

"义犬救主" 的 故事

撰稿人 ○ 乐乐

　　我国东北地区曾发现一批 1.2 万 ~2.8 万年前的人类活动遗迹，其中包括类似家犬的头骨化石，3000 多年前的先秦时期设有 "犬人" 这一专门养狗的官职，这些都说明中国很早就形成了驯养狗的传统。狗也在我们的文化历史中留下了诸多印迹，除了博士提到的典故，我还在东晋小说《搜神记》里读到了一则特别能体现狗忠诚品质的故事：

　　三国时，襄阳人李信纯有一条名为 "黑龙" 的爱犬。一天，李信纯去城外饮酒，醉倒在路边。恰好有人打猎，放火驱赶猎物。火蔓延过来，黑龙吠叫不止却唤不醒沉睡的李信纯。为救主人性命，黑龙一趟一趟地跑到附近小河里，把身体浸湿，再跑回来把水抖落在主人身边……李信纯醒来后，发现黑龙已累死在身旁，浑身湿漉漉的，周围遍地是火烧的余烬，而唯独自己身边草地犹湿，顿时明白了事情原委，不禁放声痛哭。地方官听闻此事，也感动于义犬的忠心救主，出资以礼安葬了黑龙。

高兴　　　　难过

生气　　　　紧张

"狗"和"狼"的渊源

撰稿人◎安安

狗是最早被驯化的动物，这里所说的"驯化"是指将野生动物置于人工环境下饲养、繁育，并在一代一代的选育、驯养中，让它们的生活习性甚至遗传基因发生改变，更适应与人相伴的生活。大约1.5万~4万年前，正处于新石器时代的欧亚大陆上，一些野性相对较弱的狼为了获取食物试着接近人类部落，它们的幼崽被人收养、和人一起长大，一代又一代后，逐渐演化成了狗。在这一漫长过程中，它们的性格和身形发生了很大的变化，形成了今天的许多犬种。

狗的肢体语言

乐乐

我给小狗取了一个名字——"西瓜"，因为它常常咧着嘴，这笑容就像一瓣西瓜。西瓜虽然不会说话，但是会通过肢体动作来表达情绪，随着我和西瓜越来越亲密，我也逐渐读懂了它的肢体语言：

高兴的时候，它会使劲地左右摇尾巴。

难过的时候，它的尾巴会垂下来。

生气的时候，它全身僵直，展开四肢，还会露出牙齿，发出"呜呜"的低沉声音。

紧张的时候，它会竖起耳朵，警惕地注视着四周。

"犬"字的由来

乐乐

书法老师给我们展示了好多图画一样的文字，这正是汉字的雏形——甲骨文，大多刻在龟甲或兽骨上，因此得名。我发现其中一个字着力刻画动物卷曲上翘的尾巴，因此大胆猜测这个字代表狗。果然，这正是甲骨文中的"犬"字，看来古人造字时很准确地抓住了狗的特征。从甲骨文到现代常用字体的演变也从侧面证明了狗陪伴人的悠久历史。

甲骨文：

金文：

小篆：

隶书：犬

行书：犬

草书：犬

楷书：犬

左一博士：

　　告诉您一个好消息，乐乐邻居爷爷家养的猫"失而复返"了——它可是爷爷的心头宝贝，平常爷爷便无微不至地照料它，当它怀上了猫宝宝之后更是给它补充羊奶、虾皮之类的营养品。前段时间它忽然失踪了，爷爷焦急地四处寻找，都一无所获，可今天它居然叼着几只小猫回来了。大家伙都很惊喜，许多人都想向爷爷讨一只小猫来收养呢。左一博士，明明受到了爷爷的善待，猫妈妈为什么还会离开家呢？

生怕雪糕走丢的安安

"裹盐迎得 家猫
小狸奴"

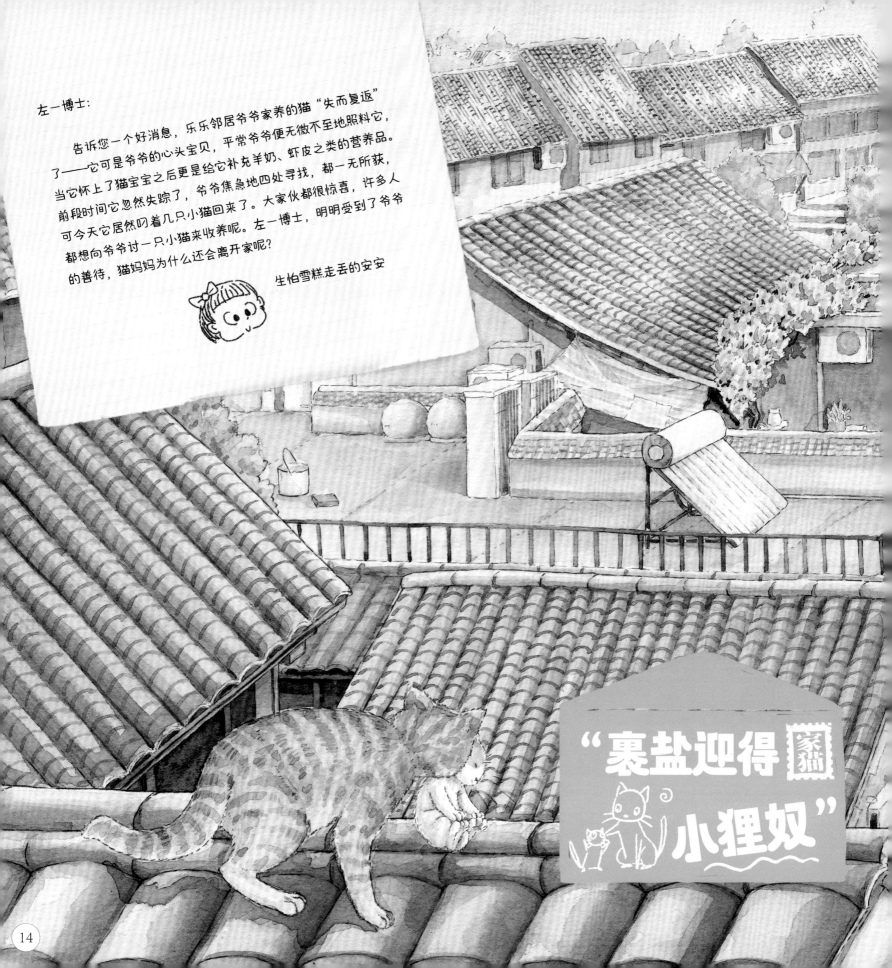

14

安安：

　　很开心听到猫妈妈母子平安的好消息。许多动物和人一样，对后代爱之深切。可能是乐乐家的西瓜让猫妈妈感到紧张，所以去寻觅安全隐蔽的地方作为"产房"。

　　猫就是这样敏感。这不奇怪，家猫在大约4000-10000年前被人类驯化，被驯化的时间短于狗，而且家猫的祖先——非洲野猫是独居动物，没有群居动物的等级观念和服从意识。所以猫时常表现出"高冷"的姿态。

　　不过这并没有影响人们对于猫的喜爱。为了对付鼠患，中东、北非一带的人们首先将野猫驯化成家猫。而同一时期，中国人说的"猫"指的可能是豹猫，一种外形似豹而体型较小的猫科动物。《诗经》里有"有熊有罴，有猫有虎"的描述，这里把"猫"与熊、虎相提并论，可见先秦时期的"猫"还远不是后世的形象。

　　中国人对"猫"印象的改观发生在汉朝，经由连接西域与中原的商路，家猫传入中国，很快凭借捕鼠本领和伶俐外貌赢得了万千宠爱。养猫爱猫之风，自此盛行不绝。宋朝诗人陆游就是出了名的爱猫，"裹盐迎得小狸奴，尽护山房万卷书"，他听闻邻居家的母猫下了一窝崽，用一包盐（这在古代可是非常贵重的）换来一只小猫，期待它茁壮长大，守护藏书。这和大家纷纷向爷爷讨一只小猫的场景是不是很像呢？

　　而猫之所以善于捕鼠，得益于它的身体构造：猫的胡须根部深入皮肤且充满神经末梢，相当于触觉感受器，赋予猫在复杂地形中灵活穿行的行动力；猫的耳朵能准确识别声音的方向和位置，赋予猫犹如雷达锁定目标一般的听力；猫眼睛中的照膜可以将光线再次反射到视网膜上，赋予猫洞若观火的夜间视力；猫的爪子可以自由伸缩，潜伏时如刀入鞘，出击时则如箭出弦，赋予猫无声潜行的利器……猫犹如一架精密且高效的捕猎机器。

　　直到今天，祖先高超的捕猎技巧在家猫身上依然延续，然而这也为一类社会与生态问题埋下伏笔。被弃养的猫为了获得食物，常常会盯上鸟类——据统计，流浪猫是造成城市鸟类意外死亡的主要元凶之一，在一些地区甚至造成了生态危机。所以，一定要照顾好自己的宠物，不能遗弃，这是对动物的爱，也是对社会的责任。

　　　　　　　　　　从一而终照顾宠物的左一

猫的肢体语言

安安

猫也有自己的肢体语言，放松时，全身显得松弛，尾巴悠悠摆动，喉咙里会发出浅浅的呼噜声；

不高兴时，尾巴会快速摆动，这一点和狗正好相反；

紧张时，猫的瞳孔会放大变圆，耳朵会往后或是往旁边下压，脸部的表情会变得僵硬，身体有时还会伏低；

生气或受惊时，猫的背部会弓起来，像驼峰一样高高耸起，由于肌肉下意识缩紧，使得毛发竖立，有时龇牙咧嘴，发出就像是蛇吐信子的"嘶嘶"声，摆出一副蓄势待发的架势。

放松　　不高兴

紧张　　生气

古人也爱猫

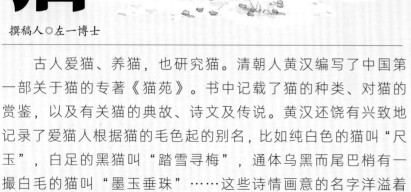

撰稿人◎左一博士

古人爱猫、养猫，也研究猫。清朝人黄汉编写了中国第一部关于猫的专著《猫苑》。书中记载了猫的种类、对猫的赏鉴，以及有关猫的典故、诗文及传说。黄汉还饶有兴致地记录了爱猫人根据猫的毛色起的别名，比如纯白色的猫叫"尺玉"，白足的黑猫叫"踏雪寻梅"，通体乌黑而尾巴梢有一撮白毛的猫叫"墨玉垂珠"……这些诗情画意的名字洋溢着古人对猫的喜爱。

猫为什么不是生肖？

乐乐

正如博士告诉我们的，最早驯养猫的是中东、北非一带的古人，直到汉朝家猫才传入中国。而根据湖北云梦和甘肃天水出土的秦朝简牍显示，先秦时期便出现了较为完整的生肖系统，东汉时期已有文献记载与现代相同的十二生肖。也就是说，在家猫赢得中国人的宠爱之前，十二生肖已经定型，猫遗憾地与生肖的位置失之交臂。

家猫

Felis catus

目：食肉目　科：猫科　属：猫属

科学画绘制：苏　靓

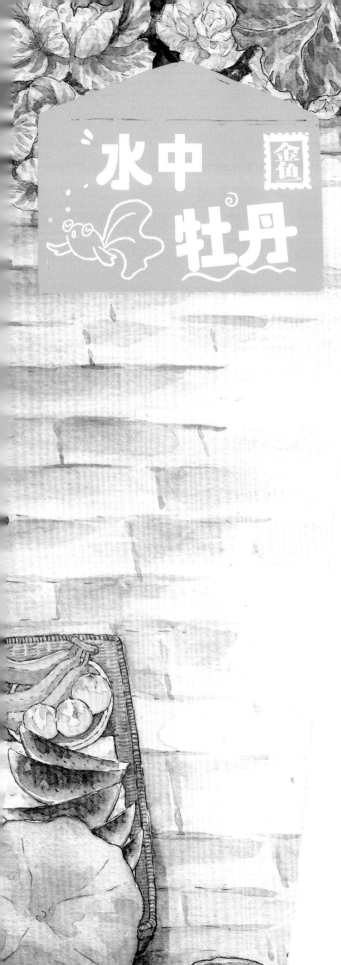

水中 牡丹 〔金鱼〕

左一博士：

在和您通信的耳濡目染下，我和安安也学会做一些关于动物的研究啦。我们在同学家里看见一缸美丽的金鱼，它们摇曳着纱裙似的绮丽尾巴，跳圆舞曲般在水中悠悠漫步。这鲜艳的色彩、优美的体态，好像专为观赏而生，大自然中太罕见了，因此我们推测金鱼可能是野生鱼"驯化"的产物。一查资料，果不其然！但出乎我们意料的是，金鱼的祖先竟然是菜市场里再寻常不过的鲫鱼。博士，比起狼、野猫驯化成狗、家猫，鲫鱼和由它驯化而成的金鱼怎么会有如此巨大的差别呢？

观鱼有感的乐乐

乐乐：

你的小脑袋瓜果然是一刻不停地思考呀！

金鱼的确是由野生鲫鱼驯化而来的，在这一过程中，变异发挥了极为重要的作用。这里所说的"变异"，是指同种生物的不同个体在形态或生理特征上存在差异的现象。鲫鱼鳞片中色素体的数量有时会发生突变，一部分鲫鱼因此由常见的青灰色变成了金红色。这在大自然中是小概率的偶然因素，因此古人将这些变异成金色的鲫鱼视作祥瑞的象征，捕捞回来，圈养在园林池子里。

起先，这些金色鲫鱼和普通鲫鱼的区别主要是颜色。当它们的栖息之所由自然的江河湖沼变为小小的人工池塘后，更多的区别开始产生——身型变小了，一部分鱼鳍退化了，而另一部分利于展示姿态的鱼鳍如尾鳍变得更加醒目。人们把它们当中变化最为明显的精心挑选出来繁育，偶然的变异便通过遗传一代代加强，逐渐固定下来。

再往后，它们作为贡品进献给王公贵族，为了便于赏玩，常常养在鱼缸里，生活环境的进一步缩小使得它们的形态也进一步特化：它们的游泳能力更加退化，供观赏的色彩和体态特征更加鲜明。此外，由于饲养容器和方法的不同，它们之间也出现了分化。比如清朝时，北方地区流行把金鱼养在深深的大缸里，金鱼的眼睛便习惯往上看以捕获光线和食物，久而久之，出现了眼球上翻的金鱼品种。

总而言之，野生鲫鱼最初只是鳞片颜色发生了变异，后来经过千百年的人工筛选和培育，生存环境也经历了从野外水体到人工池再到容器的变化，才演变成美丽的金鱼，并形成了一个争奇斗艳的大家族。

我们今天在观赏金鱼时，看着它们优哉游哉的身姿，宛如绽放在水中的牡丹花，联想到其背后漫长的驯化史，是不是也会有感于古人的智慧与耐心呢？诞生在中国的金鱼也游向了世界，成为点缀全世界的一抹亮色。

爱好水族的左一

金鱼

Carassius auratus

目：鲤形目　科：鲤科

属：鲫属

科学画绘制：李亚亚

中国动物，很高兴认识你！

金鱼

各种各样 的 眼睛

撰稿人 ◎ 左一博士

平眼

凸眼

朝天眼

水泡眼

饲养环境、方法的不同会使得观赏动物的形态进一步特化，这一点也体现在金鱼的眼睛上。养鱼人会根据眼睛的形态对金鱼赏鉴、分类。比如，和一般的鱼眼一样的平眼金鱼；明显鼓出来的凸眼金鱼；附着一对水泡，游动时水泡随水摆动的水泡眼金鱼；总是朝水面上方看的朝天眼金鱼。

金鱼的种类

安安

博士在信里提到，今天的金鱼已形成了一个大家族。我们去花鸟市场实地探访，发现金鱼主要有四类：草种、文种、龙种和蛋种。草种金鱼体形修长，和鲫鱼长得最像，是金鱼中最古老的一类；文种金鱼的轮廓很像汉字"文"，因而得名，是最早培育的金鱼品类之一；龙种金鱼的眼睛像神话中的龙两只大眼睛一样外凸；蛋种金鱼的身体短而圆，犹如卵形，连背鳍也退化消失了。

草种

文种

龙种

蛋种

民俗里的金鱼			
调查目标	金鱼是中国传统的伴侣动物，了解人们为什么喜爱金鱼		
调查人	安安 乐乐	调查方式	实地考察
调查地点	民俗街	调查时间	7月
调查结果	金鱼不仅有着明艳的外在美，也有着丰富的"内在美"——传统文化中金鱼寄托着吉祥的寓意，金鱼元素在面点、剪纸、刺绣、玉器、风筝等民俗艺术品中非常常见。"鱼"的读音和"余""玉"相似，所以常见于"金玉满堂""年年有余"的题材中		

21

步履蹒跚的长者

草龟

左一博士：

您好！有同学知道我和乐乐在调查身边的伴侣动物，便邀请我们去他爷爷的书房，那里住着一位据说年龄高到连爷爷也说不清的老寿星。

但我们去书房后，却发现缸里空空如也——想不到这位老寿星居然还有"越狱"的好身手！我们"搜捕"了半天，也没能把它"抓获归案"。尽管它没有显现真身，但书房里的许多陈设和装饰都有它的身影——龟形的砚台和笔洗、龟形的香炉、描绘龟的书画、刻有甲骨文的龟甲……我很好奇，看起来总是懒洋洋的龟，怎么会有这么大的魅力呢？

寻龟的安安

安安：

  正如你所说的，龟看起来总是"懒洋洋"的，不过这并不是因为它"懒"，而是由它的生理特征决定的。

  龟既能在水里又能在陆上活动，有人便误以为它是两栖动物。实际上，幼年用鳃呼吸、成年后主要用肺呼吸的动物才是两栖动物，龟其实是爬行动物。正如之前提到过的，爬行动物是变温动物，因此它们很注意节约身体的能量，喜欢静静地晒太阳，因而看起来不如哺乳类、鸟类那样活跃。这使得龟的新陈代谢很慢，一些种类的龟的静息心率甚至只有个位数，而与之一致的是，龟的衰老速度也非常慢，龟的衰老速度只相当于哺乳动物的二十分之一。这使龟成为动物界中的长寿之星，人们也借龟来表达对长寿的向往和祝愿。

  不过，也不要过于夸大龟的寿命，古人尚且说"神龟虽寿，犹有竟时"，海龟和大型陆龟的寿命可达二百年，但大部分小型的淡水龟的寿命通常为几十年。中国有种中华草龟，俗称的"乌龟"指的就是它，背甲上有三条纵向的棱脊是它的特征。

  曾经，乌龟是爬行动物中唯一的伴侣动物，也是古人心目中有灵性的动物。孔子把龟甲和玉器并列，庄子把自己比作拖着尾巴在泥水中快乐打滚的乌龟，可见乌龟既陪伴过"居庙堂之高"的朝臣，也陪伴过"处江湖之远"的隐士，这位蹒跚的长者不知阅尽了多少岁月。

  而在社会风尚日益多元化的今天，越来越多种类的龟，甚至一些蜥蜴、蛇类也成为新潮的宠物，然而这些标新立异的另类爬宠有着不可忽视的隐患。比如，常有人弃养或"放生"宠物龟，可这些宠物龟中有相当一部分是外来的巴西龟，在一些地区甚至已泛滥成灾，对中国的生态环境造成了难以估量的破坏。这警醒我们，不可将伴侣动物仅仅作为标榜个性的玩物，爱护自然生态应当是热爱动物的人的更高追求。

心系生态的左一

中华草龟

Mauromys reevesii

目：龟鳖目	科：地龟科
属：拟水龟属	
科学画绘制：李亚亚	

中国动物，很高兴认识你！
中华草龟

中国本土龟 与 外来龟

撰稿人○左一博士

草龟被称为草龟并不是因为它爱吃草，而是"草"有乡野、民间的含义，可见它是中国的乡土动物。与之对应的则是从自然分布区被引入本地区的外来物种，而当外来物种定居下来繁衍生息，并对当地生态系统造成威胁后，就成为入侵物种。前面提到的巴西龟就是典型的入侵物种。巴西龟学名巴西红耳龟，原产于中南美洲，由于具有鲜绿色的漂亮外观，被作为宠物引入中国，随后扩散到自然生态中。它们在中国缺少天敌，竞争力又更胜一筹，使草龟等中国本土龟面临严峻的生存危机。此外，有一些相对常见、很容易和乡土动物混淆的动物其实也是入侵物种，如小龙虾、福寿螺、牛蛙等。如果在野外发现了入侵物种，可以向生态环境主管部门报告。

"乌龟"之名的得来

安安

博士说俗称的"乌龟"指的是草龟，这个别名是怎么得来的呢？我请教了养龟的爷爷。原来，草龟小时候甲壳是棕黄色的，而雄草龟长大后，在激素的作用下全身会逐渐变黑，这一现象称为"墨化"（雌草龟不会有墨化现象）。墨化后的龟浑身乌黑如墨，因而被称为乌龟或墨龟。

龟的"年轮"

乐乐

"越狱"的老寿星终于回来了，它的真实年龄引发了我和乐乐极大的好奇。爷爷提醒我们：年轮可以透露树的年龄，乌龟身上也有类似的线索。我们仔细观察，发现龟的背甲并不是"铁板一块"，而是由 38 块骨片组成，中间 13 块比较大，边缘 25 块比较小。骨片里有环状的纹路，这正是龟的"年轮"。由于龟在出生的第一年并不形成环纹，所以数清环纹的数量再加上一，便能知道乌龟的真实年龄。这个办法通常适用于"年轻"的龟。我们反复数了好几遍，爷爷家龟的环纹又多又密，几乎挤在一起，难以辨别，可见真是一位高寿的长者。

小龙虾

学名克氏原螯虾，原产于墨西哥北部和美国南部。小龙虾有打洞的习性，会危害水田、堤坝等农业或水利设施。

福寿螺

福寿螺原产于亚马孙河流域，外形与田螺相似但个头大很多。福寿螺的繁殖能力很强，每年春夏之交的产卵季，标志性的粉红色卵块几乎会"染红"整片水域。泛滥的福寿螺会大量啃食水稻秧苗，还有传播寄生虫感染等疾病的风险。

牛蛙

牛蛙原产地在北美洲东部，原本作为食用蛙引入中国，但很快从养殖环境扩散到自然环境。牛蛙是一种大型蛙类，食性广杂，会把能吞下的几乎一切小动物当作食物，严重威胁中国本土两栖类动物的生存。

左一博士：

　　我看到乐乐的状态更新为"求锦鲤"，一问才知道，乐乐要参加一场动物知识竞答赛。他邀请我一起去，但很可惜，今天我得去很远的地方采桑叶——农业研究所退休的奶奶送给我一些蚕种，现在它们长大了，胃口好得很。

　　所以我也转发了一条锦鲤，给乐乐加油。我想起在水族店里见过的锦鲤，放在醒目的展位，还贴上标签强调它们是进口的品种。博士，锦鲤是舶来品吗？老家的年画里倒是经常出现鲤鱼，最常见的题材就是眉开眼笑的胖娃娃抱着活蹦乱跳的大鲤鱼，伴着"年年有余"的祝福语。博士，锦鲤和鲤鱼是什么关系呢，会不会就像金鱼和鲫鱼那样？

转发锦鲤的安安

安安：

你猜得没错，锦鲤诞生的过程和金鱼类似，它的祖先是野生鲤鱼。

而在中国，鲤鱼自古便深受人们的喜爱、尊崇。《诗经》里多次提到鲤鱼是堪登大雅之堂的上品。孔子的儿子出生时，鲁昭公送来一尾鲤鱼以表祝贺，孔子高兴地给儿子取名为鲤。鲤鱼还是中国第一部关于鱼类养殖的专著——范蠡所著的《养鱼经》的主角，可见春秋时人们便珍视鲤鱼。据记载，晋朝时贵族的池苑里也养着鲤鱼，这时鲤鱼不单单作为佳肴，观赏价值也越来越受到重视。

到了唐朝，鲤鱼由于与皇家姓氏"李"谐音而拥有特殊待遇，比如官府禁止民间捕捞、食用鲤鱼，鲤鱼还以"锦鲤"之名，翩翩游入诗人的笔下，不过唐诗里的"锦鲤"指的是野生鲤鱼偶尔变异形成的红色个体。佛教传入中国后，放生动物以祈求福瑞的风气逐渐盛行。宋朝时信众流行放生稀有的红鲤鱼，催生出专门饲养、培育红鲤鱼的产业。再后来，爱鲤之风流传到东亚等更多的地区，年画、旗帜等反映民俗文化的作品中都能见到鲤鱼的身影。人们继续选育鲤鱼中花色更加繁复的个体，终于形成了今天绚烂多彩的锦鲤。

曾经，稀有的红鲤鱼往往圈养在富人的私宅或庙宇的放生池里，只有少数人得以赏玩，因而笼罩着富丽、高贵的光环。今天，"飞入寻常百姓家"的锦鲤越来越亲民，在景点、公园甚至居民小区的水池里常常可见锦鲤款款游弋，犹如五光十色的织锦在碧波间摇曳，成为一道亮丽的风景线。锦鲤还融入了现代生活，承载幸运、美满寓意的锦鲤也成为人们交流、祝福中喜闻乐见的符号。

动物伴侣带来的快乐不应只由少数人独享，期待动物能陪伴更多人的生活。

—同转发锦鲤的左—

鱼传尺素

撰稿人○左一博士

乐府诗《饮马长城窟行》讲述了这样一个故事：留在家乡的妻子思念漂泊在外的丈夫。有一天，远方来的客人给她带来了鲤鱼形的信匣，打开后在匣中发现一份写在丝帛上的书信（也就是"尺素"）——正是朝思暮想的丈夫所写的。丈夫在信中让她保重身体，倾诉相思之情。后来，人们就经常用鱼或鲤鱼来象征书信、消息。用"鱼传尺素"表达消息传递，用"鱼沉雁杳"表达音信断绝。

饮马长城窟行（节选）

客从远方来，遗我双鲤鱼。

呼儿烹鲤鱼，中有尺素书。

长跪读素书，书中竟何如？

上言加餐食，下言长相忆。

争奇斗艳的锦鲤

安安

就像世界上没有两片一模一样的树叶，每一条锦鲤也有各不相同的花色。各地不同的水土环境和选育方式，培育出各具特色的锦鲤，比如江西的荷包红鲤形似荷包，浙江的瓯江彩鲤红装素裹，广西的长鳍鲤鳍如裙裾。

安安摄于7月

荷包红鲤

安安摄于7月

瓯江彩鲤

安安摄于7月

长鳍鲤

锦鲤

Cyprinus carpio

目：鲤形目	科：鲤科
属：鲤属	
科学画绘制：李亚亚	

锦鲤的寓意

撰稿人○左一博士

繁殖期的鲤鱼非常活跃，常跃出水面，由此流传下"鲤鱼跳龙门"的民间故事。传说中鲤鱼要烧掉鱼尾才能化而为龙，唐朝士子科举及第或官员升迁时的庆祝宴会名为"烧尾宴"，以博得飞黄腾达的好彩头。现代人也会在社交媒体上转发"求锦鲤"的表情包，可见鲤鱼幸运、吉祥的寓意从古到今一脉相承。

林间精灵

松鼠

左一博士：

假如我们是动物城警官，最近一定会非常忙碌，因为案子接连
发生——继老寿星"越狱"之后，又发生了一起"脱逃事件"。而
且此次"脱逃"的主人公身手格外敏捷，从墙脚到天花板，矫健地
奔跃，一如野外的同类那样在枝头轻盈地上下攀缘——正是妹妹的
宝贝宠物松鼠。别说抓获，就连稍一靠近都会被机警的它察觉，一
下子蹿到我们够不着的角落。妹妹灵机一动，用它最爱的坚果当诱
饵。在一捧花生的诱惑下，它才乖乖回来。我觉得松鼠"出逃"是
因为向往自由，博士，我该劝说妹妹把松鼠放归自然吗？

 怜爱松鼠的安安

安安：

你不仅看到了动物伴侣给人带来了什么，也想到了人给动物带来了什
么，这样的思考非常有意义！宋朝欧阳修有"始知锁向金笼听，不及林间
自在啼"的诗句，说明人们很早就意识到，动物最好的归宿应当是大自然。

但同时，我们也要分清伴侣动物和野生动物，用恰当的方式对待它们。
宠物松鼠已被驯养了很多代，适应了人工饲养的生活，贸然放归对动物本
身和对自然环境都有风险。不随意把家养宠物放回自然，和不轻易从自然
中带回野生动物一样，都是对待动物的正确方式。

松鼠其实是一大类啮齿动物的泛称，啮齿动物是哺乳动物中种类最多、
分布最广的类群。啮齿动物食性多样，同时它们也是食肉动物的重要食物
来源，在生态系统中有着不可替代的作用。啮齿动物门齿终身生长、大部
分时间都用于觅食的共性也体现在松鼠身上，而将松鼠科成员和其他啮
齿动物区分开来的标志性特征当属那条蓬松的大尾巴。松鼠快速移动时，
大尾巴可以帮助它保持平衡、调整方向，这也是很多动物尾巴的共同作用。
松鼠经常在高处活动，当松鼠跳落时，粗大的尾巴会增大空气阻力，像降
落伞一样保护松鼠。生活在寒冷地带的松鼠，休息时会用尾巴遮盖身体以
保暖。一部分松鼠甚至还会摆动尾巴，像人打手势一样传递信息。

大部分野生松鼠是保护动物或"三有"动物（有重要生态、科学、社
会价值的陆生野生动物）。只有合法合规人工繁育的松鼠才能作为宠物。
养松鼠有许多要注意的地方——松鼠很活泼，尽量给它准备宽敞一些的居
所；居所里最好有能供躲避的巢穴；松鼠偏爱坚果，便于磨牙。尊重动物
的天性，才能把这些不说话的伴侣照顾得更好。

尊重动物伴侣的左一

松鼠的"收集癖"和"健忘症"

撰稿人◎左一博士

大部分松鼠有提前储存食物以越冬的习性。它们在秋天时会格外忙碌，收集橡果、松子、榛子等坚果，树洞、石缝、地穴就是松鼠天然的仓库。松鼠格外热衷收藏果实，甚至会储存远超自己食量的果实，但是松鼠的记性不好，经常会忘记食物的埋藏点。那些被松鼠忘记的种子有的就会长成参天大树。

中国松鼠			
调查目标	博士说松鼠所属的啮齿动物是哺乳动物中种类最多、分布最广的，我们想知道中国有哪些松鼠		
调查人	安安 乐乐	调查方式	实地观察、查阅图书
调查地点	森林公园、图书馆	调查时间	7月
调查结果	红腹松鼠、岩松鼠和花栗鼠是中国的常见松鼠。 红腹松鼠腹部的绒毛是红棕色的，多在树上活动，善于攀爬和跳跃。 岩松鼠是中国特有的种，多栖息在山地丘陵的油松林、针阔混交林。 花栗鼠的背部有竖纹，体型比其他松鼠略小，平时以植物性食物为主，有时也吃昆虫，行动敏捷		

红腹松鼠　　　　　岩松鼠　　　　　花栗鼠

诗词中的松鼠

乐乐

博士引用的诗是写画眉鸟的，我很好奇在古人眼中，古灵精怪的松鼠是什么样的呢？果然，我在陆游的诗集里找到了松鼠的踪影。在诗人眼中，松鼠身上洋溢着自由的快乐，是山林野趣的象征。这林梢上的精灵不仅点缀了山野，也点缀了充满自然气息的诗篇。

初春幽居

陆游

满榼芳醪手自携，陂湖南北埭东西。
茂林处处见松鼠，幽圃时时闻竹鸡。
零落断云斜郭日，霏微过雨未成泥。
老民不预人间事，但喜农畴渐可犁。

金花鼠

Tamias sibiricus

目：啮齿目	科：松鼠科	属：花鼠属
科学画绘制：郑秋旸		

中国动物，很高兴认识你！
金花鼠

松鼠的 "食物口袋"

安安

　　松鼠进食时，脸颊两侧总是鼓鼓的像个小胖墩一样可爱，这是因为松鼠的嘴巴里有两个称为颊囊的构造。野生环境里的松鼠会把一天中的大部分时间用于觅食，这时颊囊就能像口袋一样，用来储存和携带食物。

左一博士:

好消息！我得了动物知识竞答赛的优胜奖！锦鲤真是我的幸运星呀！认识了金鱼和锦鲤，我们对观赏鱼产生了浓厚的兴趣，常常在水族店"流连忘返"。在众多动物伴侣中，鱼类显得非常"文静"，总是惬意地来回游动。然而，今天我们见识到了一种"暴躁"的鱼。它们一见面便毫不留情地厮打起来，搅得水上浪花四溅、水下暗流汹涌，大有"一缸不容二鱼"的架势。不过它们的外表可真好看——比起金鱼、锦鲤团块状的花斑，它们的鳞片披挂着更绮丽的色彩，闪耀着更绚烂的光泽，犹如京剧里的武生，抹着七彩斑斓的"大花脸"，又有着一副善于摸爬滚打的"好拳脚"。博士，这么"高颜值"的鱼怎么有着这样的"暴脾气"呢？

"隔缸观鱼斗"的乐乐

乐乐:

听起来你们观看到了一场激烈的水中大战。你的观察非常敏锐，捕捉到了它最显著的两大特点——一是性情勇猛好斗，因此得名"斗鱼"；二是外表惊艳绝美，因此它的英文名"Paradise fish"直译过来就是"天堂之鱼"的意思。

准确地说，你看到的是中国斗鱼，是中国南方的一种乡土鱼类，池塘、沟渠甚至稻田等水流静缓的小型水体里时常能瞥见它们的身影。它们花色繁复，又动作飘忽，要观察清楚真面目可得费一番好眼力：斗鱼的背鳍、臀鳍及尾鳍舒展而长，镶着亮蓝色的花边；鳞片多为蓝绿色，体侧有蓝黑色包夹着暗红色的竖纹，金色眼眶的上方点缀着深色斑点。在过去物质贫乏的年代，当地人对于斗鱼的出名有点"墙内开花墙外香"的感觉。这是因为斗鱼体型不大，只有约5厘米长，而且鳞片致密坚硬，加上斗鱼顽强的生命力使它们栖息在脏污的水体中也能适应（斗鱼除了常规的鱼鳃之外，还拥有一种称为"迷鳃"或"迷器"的特化辅助呼吸器官，迷器内布满褶皱和毛细血管，可以从空气中直接吸收氧气，使斗鱼即使在含氧量很低的恶劣水质中也能生存），因而常常携带病菌或寄生虫，所以几乎没有食用价值。农民捕捞到斗鱼，索性直接丢回水里，或者作为饲料喂给家禽。可也许是因为来自遥远神秘的东方，蒙上了一层异域风情的面纱，中国斗鱼在欧美的宠物市场上广受青睐，甚至有鉴赏家盛赞它是"最早成为观赏鱼的热带鱼"，也是迄今最美丽的鱼种之一"。而随着中国社会经济的发展，斗鱼也正从无人问津的乡土小鱼，变成备受呵护的动物伴侣。

而无论是生活在田间的小水塘中，还是搬进晶莹的水族缸中，它的暴脾气可一点没改——这是雄性斗鱼的本能。在繁殖期，雄性斗鱼之间为了争夺配偶，常常爆发你死我活的决斗。这种本能在其他动物身上也有体现，人们利用这一天性，让动物角力以做表演，比如流传已久的斗鸡、斗蟋蟀等民俗。潮汕地区古来也有让斗鱼相斗的游戏。当然，这些民俗有其历史渊源，而我们今天更应该尊重动物的天性，动物自然的状态是最美好、最值得观赏的画面。

欣赏动物天性的左一

34

天堂
仙客

叉尾斗鱼

Macropodus opercularis

目：鲈形目　　**科：**丝足鲈科　　**属：**斗鱼属

科学画绘制：苏　靓

中国动物，很高兴认识你！

中国斗鱼

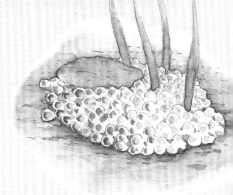

斗鱼_的繁殖策略

撰稿人◎左一博士

　　繁衍是所有动物共同具有的本能，但不同动物会采取不同的繁衍策略。比如有些动物只生育少数后代，精心抚育后代长大，尽可能高地保证后代的存活率；有些动物则生育大量后代，而夭折率很高，依靠庞大的基数"传宗接代"，生态学上将这两种繁衍策略分别称为 k- 选择和 r- 选择。

　　斗鱼的繁衍策略接近于 k- 选择。雄斗鱼在进入繁殖期后会吞咽空气并在水面附近吹出唾液气泡，制成泡沫巢供雌鱼产卵。由于鱼卵比水重，排出后会下沉，雄鱼便在下方巡游，接住鱼卵送回巢内。此时的雄斗鱼会由凶猛的斗士化身为尽职的父亲，寸步不离地守卫，甚至会赶走雌鱼（雌鱼有时会因产卵时消耗太大而吞食鱼卵），一直持续到幼鱼孵化并成长到能独立生活。

斗鱼的民俗

乐乐

　　博戏是中国古代民间赌输赢、角胜负的游戏，利用天性好斗的动物互相打斗是常见的博戏种类，南方古来便有斗鱼之戏。明朝的宋濂在南京见到人们挑逗"鬐鬣具五采""两鳃有大点如黛"的鱼相互打斗作为博戏，这正是斗鱼的特征；还描绘了"怒气所乘，体拳曲如弓"的激战情形。

中国斗鱼

安安

　　根据尾鳍形状的不同，斗鱼大体可以分为圆尾、叉尾两类。中国有多种斗鱼分布：叉尾斗鱼广泛分布于华南地区；圆尾斗鱼分布地域较偏北，主要在长江以北的水系；壮家黑叉尾斗鱼分布于广西边境；香港黑叉尾斗鱼最为珍稀，分布于香港周边的小范围区域。

长耳朵的雪球

家兔

左一博士：

　　时间过得真快啊，暑假转眼就过去了一半——我的功课要加紧了。乐乐正对着蜗牛奋笔疾书，这一下子提醒了我，我也有观察日记要写呢。

　　真巧，邻家妹妹正对着她的小白兔写着同样的功课，邀请我也加入。为了便于观察，我们把它放到绿地上让它自由活动。小白兔就像一团洁白的宣纸，两颗红眼睛就像宣纸上点了两粒朱砂，此外再没有一丝杂色。它还非常机警，即使在休息时修长的耳朵也像雷达一样时刻警惕着，探测到一点风吹草动拔腿就跑，就像草坪上滚过一团雪球。等它玩累了埋头吃起草来，我们才将它捉回。也许是兔子太可爱啦，在我记录下它的外形和动作之后，还觉得不够尽兴。

　　博士，观察动物时再写点什么，能让文章更加充实呢？

意犹未尽的安安

安安：

　　超乎你的想象，貌不惊人的小白兔在古代曾经是引发轰动的焦点。比如《竹书纪年》记载晋献公朝见周天子时看到"白兔舞于市"；《汉书》里也记载汉章帝、汉桓帝年间，地方官数次进献白兔。

　　这是因为古人将一些少见的生物或自然现象视为上天降下的"祥瑞"。按照"祥瑞"标准，白兔属于"中瑞"，赤兔名列"上瑞"。野兔偶然有白化现象，红兔子则仅仅是古人美好的想象——古人很早就将想象力倾注在兔子身上。古诗里用"金乌西坠，玉兔东升"形容日落月升。传说月宫中有仙兔怀抱玉杵捣药，所以用玉兔称呼月亮，中国首辆月球车也以"玉兔"命名。

　　人们对兔子的印象最早源自野兔，比如成语"狡兔三窟"形容野兔警觉多疑，"动若脱兔"表示野兔行动迅捷。极难捕获的野兔甚至启发古人造字，在"兔"下加表示奔跑的"辶"，组成表示逃跑、丢失的"逸"。野兔奔跑速度可达60千米/时，足以和赛马争锋，难怪古人寄希望于"守株待兔"。

　　中国大规模驯养兔子始于汉代。此前人们了解兔子多靠"脑补"。汉朝王充推测"兔舐雄毛而孕，及其生子，从口中吐出"，令人哭笑不得。此后，兔形文物由原来的飞奔跳跃逐渐转变为静卧的形态，乐府诗《木兰辞》里也有"雄兔脚扑朔，雌兔眼迷离"的描述，可见人们对兔子的观察更深。

　　隋唐时家兔引入蜀地，直到今天四川也是中国家兔养殖和消费的第一大省。人们不断发现兔子的价值——兔肉被认为有保健价值，兔毛可以制成兔毫笔。但兔子并不总是可爱，《唐书》里记载岚州（今山西省岚州市）、胜州（今蒙晋陕交界处的准格尔旗）曾"兔害稼，千万为群，食苗尽"，这是中国最早记录的兔害。还记得动物繁殖策略吗？兔子是典型的r选择，没有天敌制约容易泛滥成灾。

　　明清时养兔之风已很盛行，经过长期选育，白兔由上达天听的祥瑞变成民间宠物。《红楼梦》中乌庄头向贾府进贡的礼品里就有"活白兔四对，黑兔四对"。近代后，獭兔等兔种引入中国，现代养兔业蓬勃发展起来。

　　瞧，兔子和古人的生活息息相关，也在历史上留下了痕迹。如果你想把动物文章写精彩，可以回顾历史寻找素材与灵感。

研读古籍的左一

"狡兔三窟"

安安

中国的家兔驯化史众说纷纭，有学者推测其祖先是来自欧洲的穴兔，而不是中国原生的野兔。中国野兔没有打洞的习性，"狡兔三窟"正是穴兔的天性。穴兔在野外天敌众多，为了自保，会给洞穴挖掘多个出口，遭遇袭击时便从未被发现的隐秘洞口逃之夭夭。

动物的应激反应

撰稿人○左一博士

动物受到刺激时，神经系统会启动一系列防御机制，驱动身体做出相应的反应，这就是动物的应激反应，常见的应激反应包括停止进食、狂躁不安等。兔子胆小敏感，遇到危险或受到惊吓时会出现抽搐甚至"假死"状态。野兔没能被成功驯化，可能就和它强烈的应激反应有关。

兔耳的妙用

乐乐

一对长耳朵称得上是兔子的标志性特征，借助这对长耳朵，兔子可以敏锐地捕捉到风吹草动。此外，耳朵还是兔子的散热器。兔子没有汗腺，不能通过出汗来散热，血液流经皮肤裸露的耳朵，向空气释放掉多余的热量，以此降低体温。为了提高散热效率，兔耳内遍布毛细血管，因此十分脆弱。尽量不要用攥提耳朵的方式拎起兔子，这很容易让兔子受伤。

家兔

目：兔形目　科：兔科
属：穴兔属
科学画绘制：许可欣

Oryctolagus cuniculus f. domesticus

中国动物，很高兴认识你！

家兔

丝路使者

桑蚕

左一博士：

　　今天是个伤感的日子。

　　因为到了分别的时刻——我的蚕开始吐丝结茧了。我从桑树上只有雀舌样的小芽时开始养，那时它们刚刚孵化，比蚂蚁还小，但胃口却大得惊人，对食材的新鲜程度又有着美食家般的挑剔，所以我每天都得专程去采桑叶。赶上下雨天还要仔细擦干，蚕不能吃沾水的桑叶，但它们自己不会分辨，总是来者不拒。

　　现在桑树已枝繁叶茂，它们的身躯也越来越圆润，每天都在点点滴滴地积蓄能量。它们一直在不停地吃呀吃呀，要是来不及续上桑叶就扬起身体四顾探望，像是无声的催促。昨天夜里我还听见大快朵颐的沙沙声，而今早盛宴便结束了。它们开始找地方结茧，只有那条最小的小家伙依然在埋头大吃。

　　我忽然很偏爱它，就像老人总是容易偏爱最小的孙辈。

　　它们进食时不曾丝毫分神，现在吐丝也是一心一意，丝线越来越密，我已经看不清它们了。冰箱里还有一袋刚摘下的新鲜桑叶，但它们已经不再需要。

　　这一刻太过匆匆，甚至来不及道别，我多想它们能再陪伴我一程呀。

不舍的安安

安安：

　　蚕是很渺小的动物，对于一只蚕来说，一个笸箩或者纸盒就是世界，一季就是一生。

　　蚕是很慷慨的动物，它毫无保留地将一切"奉献"给你：你和它相伴一夏，它和你相伴一生；你给它一百片绿叶，它留给你一枚雪白的丝茧。

　　蚕也是很伟大的动物，如果说有动物曾影响中国乃至世界的历史，蚕一定当之无愧地是其中之一。两千多年前，张骞长驱万里，开辟了中原与西域的通路，让东西方的商品、文化如春日解冻的河水，源源流动起来。其中最受瞩目的当属那轻盈光滑、泛着迷人光泽的织物——丝绸，这条路也因此得名——丝绸之路。渺小的蚕缔造了惊艳世界的壮美！

　　古罗马人对丝绸一见钟情，好奇地向客商打听丝绸的来历。也许是为了保守商业秘密，也许商人自己也是道听途说，只能语焉不详地比划一番，以至于当时的学者一本正经地记载——丝绸是东方一种神奇的树木上结出来的。读到这里你也许会心一笑，这背后可是蚕食桑叶、吐丝结茧、人们提取丝线、纺织成面料的漫长过程。蚕和蝴蝶、蛾都属于昆虫中的鳞翅目，它们普遍有结茧的习性。蚕体内的丝腺体会分泌丝液，丝液接触空气凝结成丝，继而被编织成茧。

　　我们很难想象，人类当初是怎样发现可以抽丝剥茧、纺织成衣料的。传说是黄帝的妻子嫘祖发明了养蚕、缫丝。科研团队绘制的家蚕超基因组图谱，和山西省夏县出土的蚕茧，分别从分子生物学与考古方面证明了野蚕驯化成家蚕发生在约五千年前的黄河中下游地区。迄今为止，家蚕也是唯一一种被人类完全驯化的昆虫（另一种我们熟悉的养殖昆虫——蜜蜂，驯化程度尚不彻底）。

　　今天，蚕丝的用途不仅局限于装饰。蚕丝纤维柔韧，且结构和人体蛋白相似，不会出现排斥反应。凭借这些优良特性，蚕丝制成的手术缝合线、人造皮肤等医疗产品不断面市。蚕的生命很短暂，但蚕从未真正离开我们，跨越数千年，蚕依然在为人无私服务。所以，不要为此刻的"分别"而难过，从这一方面来说，生命一直循环往复，生生不息。

领略生命壮美的左一

诗中的蚕

乐乐

蚕经常作为勤劳、奉献的象征出现在诗人的笔下，尤其是唐朝诗人李商隐的"春蚕到死丝方尽，蜡炬成灰泪始干"，把春蚕的执着、无私描绘得淋漓尽致，此外还有不少关于蚕的佳句。

> 老蚕欲作茧，
> 吐丝净娟娟。
> ——王禹《蚕作茧》
>
> 物亦有仁者，
> 蚕功不可量。
> 将身甘鼎镬，
> 与世作衣裳。
> ——戴表元《咏蚕》
>
> 春蚕不应老，
> 昼夜常怀丝。
> ——鲍令晖《蚕丝歌》

家蚕和野蚕

安安

左一博士说家蚕是从野蚕驯化而来的，我很好奇野蚕长什么样。今天帮忙采桑叶时，我触到了一截"小树枝"，它竟爬动起来。我定睛一看，原来是一只小虫，外形和家蚕很相似，而体色是像树皮一样的枯褐色，静止时是天衣无缝的伪装——原来这就是野蚕，它们还会栖息在柞树、构树等树木上。野蚕也结茧，但比家蚕茧小而薄，色泽也远不如家蚕茧莹亮洁白。

蚕为什么只吃桑叶？

撰稿人◎左一博士

动物只摄取特定食物的现象称为寡食性，蚕吃桑叶就是寡食性的体现。植食性昆虫选择何种食物主要由其化学感受系统（也就是嗅觉和味觉）决定，嗅觉受体基因和味觉受体基因在这一过程中至关重要。蚕体内有一个味觉受体基因会抑制蚕取食非宿主植物的叶子，而桑树正是家蚕的宿主植物。如果这个基因发生突变，蚕就会出现味盲现象，也接受其他植物作为食物。

蚕的一生

观察目标	了解蚕一生需要经历的不同阶段	
观察记录	7月1日	蚕卵的形状和大小很像芝麻。→
	7月7日	蚕宝宝孵化了，此时仅有蚂蚁般大，浑身黑色，所以叫蚁蚕，借助放大镜可见蚁蚕身上长有细密的绒毛。→
	7月12日	蚕宝宝以肉眼可见的速度长大，并经历了第一次蜕皮，蜕皮期间它们会暂时减少进食，蜕皮完成后身体变成灰色，食量也恢复。
	7月18日	蚕宝宝再次蜕皮，身体变为乳白色。→
	7月24日	第三次蜕皮完成，食量继续增长，我们不得不补充更多的桑叶。
	7月31日	蚕宝宝最后一次蜕皮，此时食量变得很大，每天能吃掉一整片甚至两片桑叶。
	8月6日	蚕开始结茧，前一周的大量进食可能正是在为此积蓄能量。整个结茧过程持续大约48小时。→
	8月22日	蚕蛹成功羽化，蚕蛾破茧而出！→
观察小结	蚕是完全变态发育类昆虫，一生经历卵、幼虫（也就是最为熟知的蚕宝宝）、蛹（也就是蚕茧）、成虫（也就是蚕蛾）4个阶段。整个过程持续50多天，其中蚕蛾的寿命仅有1~3天，蚕蛾不进食，唯一的使命就是交配产卵，繁衍生息。蚕的一生，依次为卵、蚁蚕、白色幼虫、蚕茧、蚕蛾	

左一博士：

　　在暑假最后的这段时间里，我和安安接受到一项任务——爷爷要回趟乡下，拜托我们照看他养的鸽子。爷爷尤其嘱咐，除了补充食物和水，早晨和傍晚要各打开一次笼舍，让鸽子飞一飞。安安有点儿担心：别人养鸟生怕它飞走，爷爷却让它"远走高飞"，鸽子会不会一去不返呢？

　　而当鸽群扑棱棱地一飞冲天，在空中划过一圈圈优美的弧线后盘旋而归时，安安的顾虑很快就消散了，惊喜地说："鸽子是认家的呀！"看着鸽子如此轻车熟路，我突发奇想，打算像古装片那样在鸽子腿上缚一封短信捎给爷爷。博士，爷爷真的能收到飞鸽传书吗？

充满期待的乐乐

乐乐：

　　安安说得没错，鸽子既"认家"也"恋家"，即使远离窝巢，也会记住准确位置并自行返回，这一特性称为动物的归巢性，在鸽子身上体现得尤其明显。正是利用这一天性，人们把一部分鸽子训练成信鸽，让它飞越千山万水，承载着主人的信赖，传递着殷切的思念。这一方面靠鸽子强大的飞行能力，它和其他善于飞行的鸟类有着类似的构造：身体呈流线型，带动翅膀的胸肌格外发达，骨骼中空且食道很短节约了宝贵的体重；另一方面则靠的是鸽子令其他鸟类望尘莫及的记忆力和方向感。来自浙江苍南的一羽信鸽曾飞越4300多千米回家，创下了信鸽最远归巢距离的世界纪录。

　　鸽子很早便陪伴、服务着人类。一位古希腊的运动健儿在奥林匹克赛场上获得胜利后，放飞了一羽紫色的鸽子向家人报喜，这可能是关于飞鸽传书最古老的记录。而要让鸽子成功传信，需要加以一定的训练，并且目的地得是它熟悉的家，而不是任意指定一个地方。所以，如果你想尝试用鸽子和乡下的爷爷联系，得提前将窝巢在爷爷乡下住处的鸽子带在身边——是不是有点麻烦？但今天信鸽并没有彻底退出人们的生活，而是化身成赛鸽，飞鸽传书也演变为受到世界养鸽爱好者欢迎的赛鸽运动。

　　鸽子还可以装点我们的日常生活，公园里、广场上常养着鸽子供游人观赏、亲近。白鸽翩翩融入蓝天，既是一道优美的风景，也蕴含美好的寓意。西方神话里，诺亚方舟在洪水中漂荡，一只鸽子从远处衔回橄榄枝，显示洪水正在消退，人间尚存希望。这一传说启发了画家毕加索，1950年，毕加索画了一只衔着橄榄枝的飞鸽献给世界和平大会，智利诗人聂鲁达欣喜地叫它"和平鸽"，此后，鸽子作为和平的象征广为流传。

　　中国古人也爱养鸽，许多民居的顶楼甚至建有专门的鸽舍。为了更好地欣赏鸽子，古人还制作了一个有趣的小玩意——鸽哨。将一枚轻巧的小竹哨缚在鸽子的尾羽上，鸽子振翅高飞时气流穿过哨子，便会发出悠扬的哨音，随着鸽子的翻飞忽远忽近，时洪时细。京剧大师梅兰芳对鸽哨尤其喜爱，时常驻足聆听。期待这曲"空中的交响乐"能继续在我们身边传响不绝。

赏望群鸽的左一

飞越千山的 鸽子 信使

陶楼上的鸽舍和鸽子

安安

陶楼是用陶土制成的楼宇模型，是汉朝人常用的陪葬器。四川省芦山县汉墓出土的一件陶楼上塑有鸽棚，一只鸽子正静静地立在棚顶，人们用心爱的鸽子形象陪伴墓主人长眠。鸽子早在两千多年前就是人类可爱可亲的伴侣。

张九龄与"飞奴"

乐乐

相传，唐朝名相张九龄少年时喜爱养鸽，常把书信系在鸽子脚上传递给亲友，张九龄称之为"飞奴"。这一典故流传后世，诗文中常以"飞奴"代指传书的飞鸽。比如宋朝诗人有"不遣飞奴频过我，欲将怀抱向谁开？"的诗句，表达渴望收到远方亲友的消息，是不是和之前提到的"鱼传尺素"有异曲同工之妙？看来古人常常在动物身上寄托深情厚意。

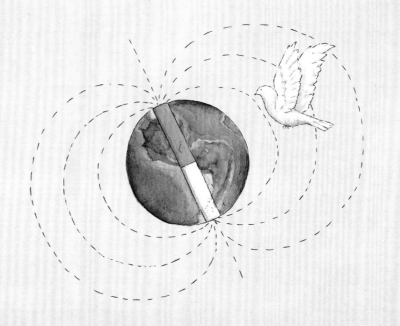

鸽子为什么不会迷路？

撰稿人〇左一博士

鸽子的上喙处有一个能感应到地球磁场的结构，像指南针一样帮助鸽子辨别方向。除此之外，学者推测鸽子还能通过太阳位置、地面标志物甚至次声波进行导航，鸽子的导航本领还有很多谜题等待着我们破解。

家　鸽

目：鸽形目　　**科**：鸠鸽科
属：鸽属
科学画绘制：肖　白

Columba livia domestica

中国动物，很高兴认识你！
家鸽

专题2

DOMESTICATION

动物的驯化

动物驯化简史

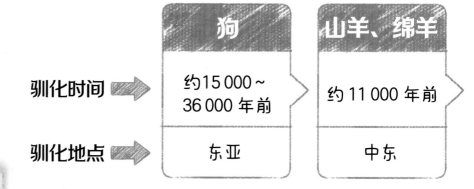

	狗	山羊、绵羊
驯化时间	约15 000~36 000 年前	约11 000 年前
驯化地点	东亚	中东

《动物日报》· 动物驯化史特刊

　　简要地说，"驯化"就是把野生动植物培养成家养动物或栽培植物的过程。对动物的驯化并非简单地将野生动物圈养繁殖，而是通过选择性育种完成，以获得对人有利的特性。人类驯化动物的目的有很多：获取食物或材料、帮助劳作、陪伴消遣，或者兼而有之。狗是人类最早驯化的动物，继狗之后，羊、牛和猪也被驯化成家畜，给人类供应毛、奶、肉，马则凭借着出色的力量成为最早被驯化用于帮助劳作的动物之一。

　　人类对动植物的驯化使得文明从渔猎采集阶段进入了农耕时代，人通过农牧业可以获得更稳定的食物来源，促进了人口增长、社会进步。所以，当你再和动物伴侣们嬉闹时，可别忘记，它们也见证了人类文明的发展变迁呢。（●特约记者 左一博士）

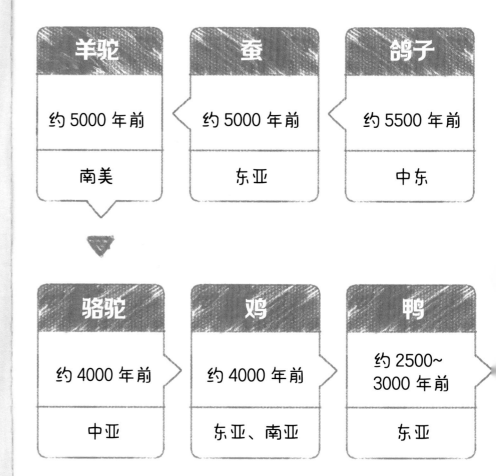

羊驼	蚕	鸽子
约 5000 年前	约 5000 年前	约 5500 年前
南美	东亚	中东

骆驼	鸡	鸭
约 4000 年前	约 4000 年前	约 2500~3000 年前
中亚	东亚、南亚	东亚

牛	猪	猫
约 11 000 年前	约 10 000 年前	约 9500 年前
中亚	欧亚大陆	北非

远古时期

马	鹅	驴
约 5500 年前	约 7000 年前	约 7000 年前
中亚	东亚	北非

现代社会

兔	金鱼
约 2000 年前	约 1000 年前
欧洲	东亚

由于动物驯化的时间很难界定得非常精确，并且对这类课题的研究仍在进行中，因此本表中的时间数字仅为学者的估算。

是我家的"雪糕"。在你读本册书的时间里，全国有接近60只宠物遭到遗弃。爱它，就要给它从一而终的照顾。

中国动物，很高兴认识你！
观察手账

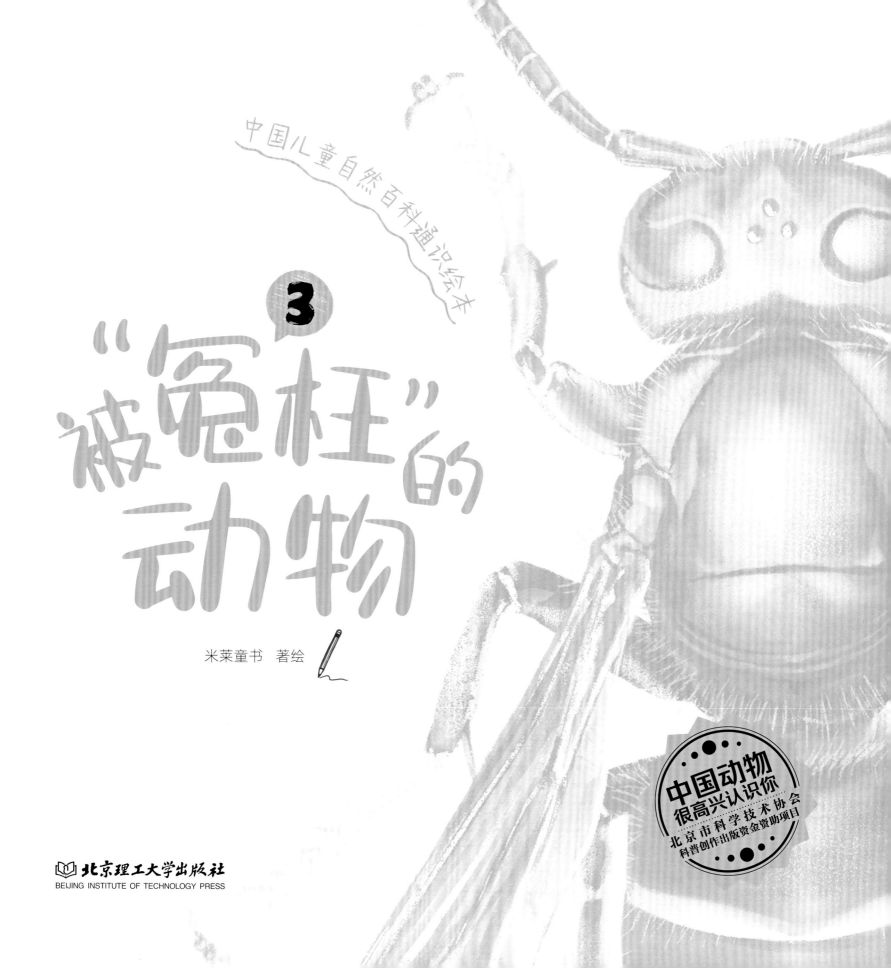

中国儿童自然百科通识绘本

3

"被"冤枉"的
动物

米莱童书 著绘

中国动物
很高兴认识你
北京市科学技术协会
科普创作出版资金资助项目

北京理工大学出版社
BEIJING INSTITUTE OF TECHNOLOGY PRESS

图书在版编目（ＣＩＰ）数据

中国动物：很高兴认识你：全4册 / 米莱童书著绘
. —— 北京：北京理工大学出版社，2023.11
　ISBN 978-7-5763-2669-7

　Ⅰ.①中… Ⅱ.①米… Ⅲ.①动物—中国—儿童读物
Ⅳ.①Q95-49

中国国家版本馆CIP数据核字(2023)第142099号

责任编辑：李慧智　　　文案编辑：李慧智
责任校对：周瑞红　　　责任印制：王美丽

出版发行 / 北京理工大学出版社有限责任公司
社　　址 / 北京市丰台区四合庄路 6 号
邮　　编 / 100070
电　　话 / （010）82563891（童书售后服务热线）
网　　址 / http：//www.bitpress.com.cn

版 印 次 / 2023 年 11 月第 1 版第 1 次印刷
印　　刷 / 雅迪云印（天津）科技有限公司
开　　本 / 787 mm×1092 mm　1/12
印　　张 / $17\frac{1}{3}$
字　　数 / 400 千字
定　　价 / 200.00 元（全4册）

动物观察手账

这是安安和乐乐的手账本。这里有我们和动物学家左一博士的通信、我们的调查报告、观察记录、《动物日报》里的剪报、抓拍的照片和手绘涂鸦，还有精心收藏的动物科学画。

这里有 40 种动物。也许你会奇怪，怎么没有大熊猫、金丝猴等声名在外的保护动物呢？实际上，关心动物不应当只在乎动物中的明星，那些不起眼的、那些默默陪伴在我们身边的、那些被人们嫌弃甚至厌恶的、那些时常化身为不速之客的动物，它们没有明星的光环，而依然奋力生存。它们同样值得我们关注，同样是"中国动物"的代表。

这也是热爱动物的人共同的作品：左一博士给我们分享了许多奇趣的知识，身处一线的保育工作者给我们讲述了不为人知的见闻，专业的科学画师给我们绘制了作为鉴定动物依据的"标准照"……我们也在观察过程中总结出了很有用的技巧和工具，高兴地分享给你，期待你也能记录下自己的观察所得，让这本手账越来越丰富、精彩！

咦，那个"木头桩子"在动？

序

当你伴着朝阳上学时，猫头鹰正疲惫地飞回巢穴；当你思量着中午的饭菜时，享受日光浴的猫正慵懒地打盹；当你在体育课上挥洒汗水时，枝头的蝉正放声高歌；当你沉沉睡入梦乡时，壁虎正爬过茫茫夜色……当你享受生活时，动物也在与我们共享同一片家园。

同享一片家园，我们怎么能不关心邻居呢？孔子曰："多识于鸟兽草木之名。"动物犹如一面镜子，能鉴照异彩纷呈的大自然，能鉴照悠久沧桑的文明史。

动物栖息在各种各样的环境：从积雪皑皑的高原雪山，到暑气腾腾的热带丛林；从辽阔苍茫的塞外草原，到荞麦青青的田间地头……动物恰如大自然的形象代言人，讲述生命的传奇。仔细倾听，你能了解到生命演化的历程、生态系统的奥秘。

动物也给文明进程留下烙印：龟甲和兽骨曾刻有汉字的雏形，蛇的身躯曾融入古老的图腾，鸽子的羽翼曾寄托殷切的思念，蚕的丝线曾承载通商致远的希望……动物恰如历史的生动注脚，耐心品读，你能了解到历史的变迁、文化的多元。

像夫子说的那样，去多认识一些"鸟兽草木之名"吧，去认识那些毛发鬣鬣、羽翼翩翩、鳞甲森森的邻居吧。在这里，我满怀期待地推荐这套《中国动物，很高兴认识你》。

在这里，你会认识 40 种中国原生的乡土动物和在中国历史文化中有着深刻内涵的动物。在这里，你也会结识更多热爱动物的朋友——专业的科学绘画师。正是他们亲手绘制了本书的科学画，通过不同视角和尺度的转换叠合，画出动物的准确形态，凸显出最重要的细节，留下一张可以作为物种鉴定依据的"标准照"，铭记生命的永恒。在这里，让我们一并向动物科学绘画师、动物保育工作者及所有真正投身于环保事业的人们致敬！

期待你在这里，爱上动物；在这里，亲近自然。

中国科学院动物研究所博士、研究馆员
国家动物博物馆副馆长

张劲硕

国家动物博物馆科普策划 张劲硕博士（左一）

学术指导

张劲硕

中国科学院动物研究所博士、研究馆员，
国家动物博物馆副馆长

（这张合影为张博士带来了"左一"的趣名，他正是
本书中与小主人公通信的动物学者）

米莱童书

米莱童书是由国内多位资深童书编辑、插画家组成的原创童书研发平台。旗下作品曾获得 2019 年度"中国好书"，2019、2020年度"桂冠童书"等荣誉；创作内容多次入选"原动力"中国原创动漫出版扶持计划。作为中国新闻出版业科技与标准重点实验室（跨领域综合方向）授牌的中国青少年科普内容研发与推广基地，米莱童书一贯致力于对传统童书进行内容与形式的升级迭代，开发一流原创童书作品，适应当代中国家庭更高的阅读与学习需求。

特约观察员

特约观察员既是小读者，也是小作者，他们的细致观察与周密调查为本书贡献了第一手素材。

王振全	（北京市朝阳区第二实验小学）
陈毅轩	（北京育才小学）
刘米莱	（人大附中亦庄新城学校）
孙雯悦	（人大附中亦庄新城学校）
张馨月	（北京第一实验小学红莲分校）

原创团队

策划人：	陶然			
创作编辑：	陶然	孙运萍		
绘画组：	小改	都一乐	李玲	孙愚火
科学画绘制组：	李亚亚	苏靓	肖白	许可欣 郑秋旸
美术设计：	刘雅宁	张立佳	辛洋	

自然寻踪

"林暗草惊风"　26

猫头鹰

鸟中诸葛　31

乌鸦

专题：
生态系统　50

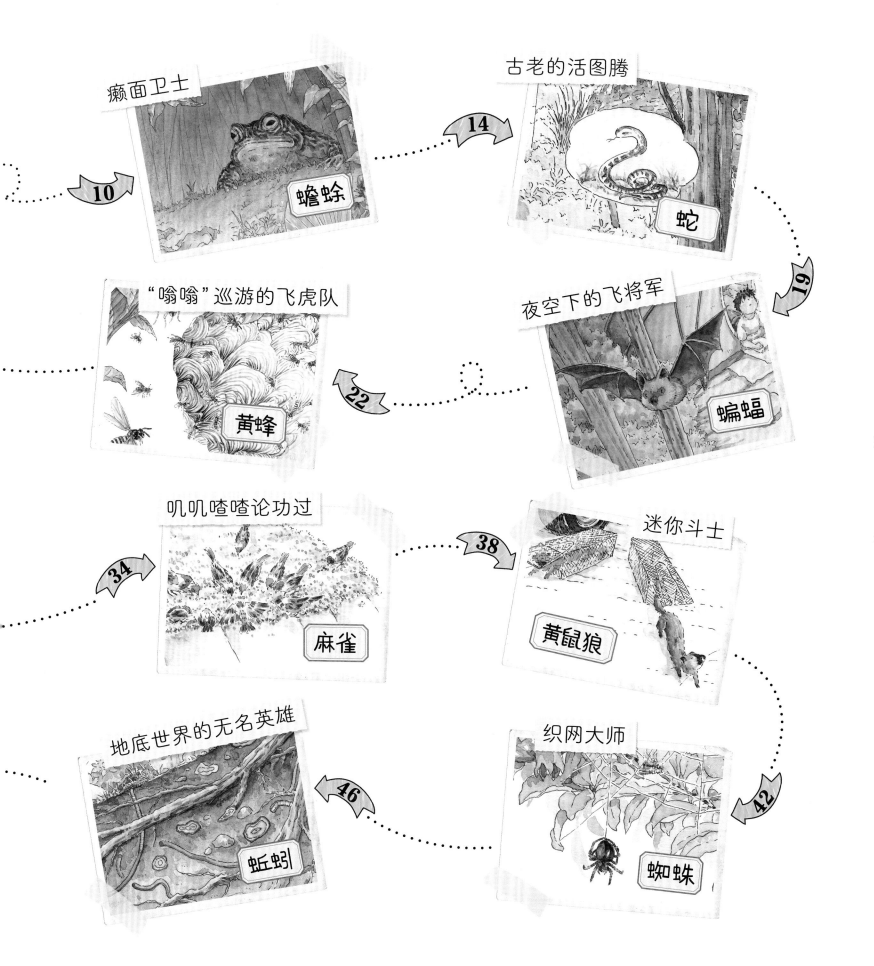

癞面卫士

蟾蜍

古老的活图腾

蛇

14

10

19

"嗡嗡"巡游的飞虎队

黄蜂

夜空下的飞将军

蝙蝠

22

叽叽喳喳论功过

麻雀

迷你斗士

黄鼠狼

34

38

地底世界的无名英雄

蚯蚓

织网大师

蜘蛛

46

42

调查人	为动物发声的安安和乐乐
调查背景	保安大叔准备用杀虫剂消灭人工池里的蟾蜍。左一博士说蟾蜍只是长得难看，其实是有益的，说服保安大叔放弃了扑杀蟾蜍的想法
调查目标	了解是不是还有更多动物也像蟾蜍一样，其实在生态环境中发挥着重要作用，只是因为长相难看或习性不讨人喜欢，而被人们厌恶、害怕，甚至想要消灭

调查对象	被"冤枉"的动物	调查时间	秋季新学期

调查地点	郊区、公园、乡下
调查方法	实地观察、采访当事人、查阅资料、和左一博士通信
调查结果	我们找到了许多被"冤枉"已久的动物，以及发现它们独特的价值。人们对它们的嫌弃往往是出于误解，而科学最能破除误解，我们很高兴通过科学研究能为它们正名……

8

左一博士：

　　很高兴保安大叔打消了消灭蟾蜍的想法，虽然他依旧不觉得蟾蜍是好动物，但我们并不气馁，毕竟长久的偏见难以一下子消除，我们会一点点为那些被冤枉的动物正名。

　　我和安安制作了一个标语牌，立在人工池边上，呼吁大家善待动物。我们甚至想把这个池塘打造成一个袖珍版的生态保护区呢！我记得您说过，一处环境里要有足够的植被，还要有作为"猎物"和"猎手"的动物，这样才能让环境和谐存续。据我们观察，这个小小的"生态保护区"里最大的"猎手"就是蟾蜍，您觉得它能担当起维系生态平衡的重任吗？

　　　　　　想要建设"生态保护区"的乐乐

乐乐：

　　你理解得很对。生态系统可以很大，大到整个地球；也可以很小，小到这一方小小的池塘也是一个生态系统。

　　而无论大小，生态系统都需要有捕食者来平衡食物链，如果你怀疑蟾蜍的这一本领，让我先引用清朝沈复的一则童年趣事吧——

　　沈复小时候常蹲在花坛旁，把土堆看作丘陵，把泥坑看作山谷，把草丛看作森林，把虫子看作野兽，想象自己在其中冒险。一次，他看见两头"野兽"在"森林"中争斗，便驻足观望。突然，一个庞然大物推倒"丘陵"、爬越"山谷"而来，巨口一张，正打得难解难分的两头"野兽"瞬间被"巨物"的长舌卷入腹中。沈复正沉浸在想象的世界里，不禁被这一幕吓得惊叫出声。定了定神，才发现这骇人的"巨物"是一只蟾蜍。

　　沈复心有余悸，因为他把自己代入了虫子的视角，这种恐惧早已刻入本能——蟾蜍毫无疑问是强大的捕食者。但由于皮肤粗糙、长满疙瘩，蟾蜍比近亲青蛙忍受着更多的嫌弃。实际上，这些疙瘩是蟾蜍的皮脂腺，会分泌有一定毒性的液体，蟾蜍以此自卫。它的皮肤粗糙则是因为表皮角质化，因而保水性更好。人类眼中的丑陋外表其实是蟾蜍物竞天择的生存法宝。

　　田野、池塘、沼泽、沟渠都能成为蟾蜍的栖身之所。它们白天潜伏在阴暗处"养精蓄锐"，夜晚开始"狩猎之旅"。另外，以青蛙、蟾蜍为代表的两栖动物也能反映栖息地的环境状况——它们的皮肤直接裸露在外，很容易吸收毒害物质。因那直接浸泡在水中，皮肤直接裸露在外，很容易吸收毒害物质。因此它们的数量和健康状况能在一定程度上反映环境质量的好坏。

　　所以，这里有蟾蜍安家说明环境不错，相信蟾蜍能守护好这片小小的"生态保护区"，也相信你们能守护好那些被冤枉的动物。

　　　　　　　　　　　　　　　　对蟾蜍寄予厚望的左一

中华蟾蜍

bufo gargarizans

目： 无尾目　　**科：** 蟾蜍科　　**属：** 蟾蜍属

科学画绘制： 李亚亚

中国动物，很高兴认识你！
中华蟾蜍

"蟾酥"与"蟾衣"

撰稿人◎左一博士

蟾蜍皮脂腺分泌的浆液有一定毒性，但经过加工处理，可以提炼制成"蟾酥"，能起到强心剂的作用。此外，蟾蜍在成长过程中自然蜕下的表皮称为"蟾衣"，也是一味药材。

蟾蜍的捕虫本领

调查目标	了解蟾蜍的捕虫本领和青蛙相比如何		
调查人	安安 乐乐	调查方式	实地观察
调查地点	小区的池塘、郊外的农田	调查时间	8月
调查结果	蟾蜍的体型通常大于青蛙，身体结构更为粗壮结实，它的食量也更大。此外，蟾蜍可以长时间在陆上活动，而青蛙不能远离水源，因此蟾蜍更善于捕食陆地上的昆虫。看来蟾蜍的捕虫本领和对守护农田的贡献，丝毫不输于青蛙		

金蟾的传说

乐乐

神话里的月宫中不仅有捣药的玉兔、长生的桂树，还住着一只三足的蟾蜍，所以月宫也称为蟾宫，"蟾宫折桂"用以比喻取得了杰出成就。传说这只神奇的蟾蜍能口吐金钱，因此今天时常能在商店见到三足金蟾的雕塑或摆件，寄托着生意兴隆的好彩头。

蟾蜍经常捕食的猎物：二化螟、蜗牛、蛞蝓、蝗虫。

安安：

　　蛇是一种爬行动物。正如你们发现的蛇蛋所体现的，绝大多数的蛇都是卵生的，也有少数是卵胎生的。

　　蛇是一个种类繁盛的大家族。全世界有3000多种蛇，其中最大的森蚺粗壮如成年人的腰围，最小的盲蛇细小到会被误认为是蚯蚓。早在白垩纪，蛇便登上了生命的舞台，在数千万年的演化岁月里，蛇也逐渐适应了多种多样的栖息环境，从茂密的森林，到阴暗的地穴，从泥泞的沼泽，到炙热的荒漠，都不难发现蛇的踪迹。

　　蛇的文化历史同样悠久，在人类文明之初，蛇就给人类留下了神秘、强大的印象。比如古希腊神话中的诸多神灵是蛇的形象或与蛇有关，古埃及法老的头冠常以蛇为装饰，中国古代传说中的伏羲和女娲是半人半蛇的神，源远流长的华夏图腾——龙的灵感之一也源自蛇。古今中外，有关蛇的典故更是不胜枚举：有的善良，比如民间传说里的白蛇；有的阴险，比如寓言里反咬农夫的毒蛇；有的强大，比如北欧神话里环绕世界的巨蛇；有的具有灵性，比如向随侯衔珠报恩的灵蛇……很少有哪种动物像蛇一样在人类文化中有着如此复杂的象征意义，人对于蛇也形成了恐惧、厌恶、好奇、敬畏、崇拜等交织的复杂感情。

　　但蛇也并非像人们想象的那般"强大"。作为爬行动物，蛇自身无法产生和维持恒定的体温，体温随环境温度而改变。因此，蛇的生存繁衍受环境和气候的影响很大。"冷血"的蛇其实也是一种脆弱的动物，需要人类的保护。

　　不必对"蛇出没"如临大敌，这反而是生态系统运转良好的标志。其实，蛇极少主动攻击人，如果我们在野外偶遇了蛇，最重要的就是保持镇定，缓缓后退，不要去惊扰它。

　　无论你是希望多看到这些害羞的邻居，还是想尽可能避免和它们打照面，都应当多了解一点关于它们的知识。了解越多，偏见便越少。

期待蛇蛋孵化的左一

左一博士：

　　我和乐乐参观农业园，亲身感受到农田也是一个生态系统。乐乐在蔬菜地里发现了一窝灰白色的蛋，大小和形状就像稍稍拉长的蚕茧。我们好奇地讨论这可能是什么鸟的蛋，技术员告诉我们这不是鸟蛋，而是一窝蛇蛋。我顿时警惕起来，东张西望，生怕身旁草丛忽然窜出一条蛇。博士，这是我第一次见到蛇蛋，也让我意识到附近有蛇出没。这次幸好没有撞上蛇妈妈，假如下次意外遇到了蛇，我该怎么办好呢？

紧张的安安

古老的 活图腾

蛇的「秘密武器」

撰稿人◎左一博士

蝮蛇科的蛇能在夜间准确追踪、攻击猎物，这是因为它的眼窝下的小孔里藏有红外感受器官，能探测猎物的温度。受此启发，美国的科学家曾研发了一款导弹，通过锁定敌机发动机产生的热量，引导导弹进行攻击，这和蛇借助红外线感受器官捕猎的原理很相似，这款导弹也正是以给科研人员带来灵感的"响尾蛇"命名的。

蛇的**舌头**

乐乐

安安说蛇吞吐不停、尖端分叉的舌头很让她害怕，我想，蛇有这样奇特的习性自然是有理由的。通过查询资料，我知道了舌头是蛇的嗅觉器官，蛇不停地吐舌，正是在用舌头采集空气中的气味颗粒，以此来感知周边的环境。蛇的分叉舌尖可以采集不同方向的气味分子，传回给感受器官（犁鼻器），从而帮助大脑快速评估哪边的气味更强。蛇的双舌尖有利于分辨味源的方向，就如同人的双耳有利于分辨声源的方向。

区分毒蛇与无毒蛇

调查目标	为了减少对蛇的恐惧，多了解关于蛇的知识，调查怎么区别毒蛇和无毒蛇		
调查人	安安 乐乐		
调查方式	翻阅图书、请教专业人员	调查时间	8月
调查结果	毒蛇之所以有毒，是因为毒蛇的口角上方有一对产生毒液的毒腺，毒腺让头部两侧扩大，所以近似呈三角形；无毒蛇没有毒腺，也没有长长的毒牙，牙齿相对小而密集，所以头部大多呈椭圆形。这个规律符合大部分蛇类，但也有少数例外，比如中国南方常见的毒蛇银环蛇，有剧毒，但头部就是椭圆状的。所以如果意外遇到了蛇，还是要慎重		

蛇的"功劳"

安安

蛇对于维护生态平衡很有益。比如钝头蛇属的蛇类是农业害虫蛞蝓的天敌；草原蝰一个夏季能消灭大量蝗虫。至于中国乡下十分常见、被亲切地称为"家蛇"的黑眉锦蛇，更是一年可以捕食近 200 只老鼠。粮食丰收也少不了蛇的一份功劳。

黑眉
锦蛇

Elaphe
taeniura

目： 有鳞目　　**科：** 游蛇科　　**属：** 锦蛇属

科学画绘制：李亚亚

中国动物，很高兴认识你！
黑眉锦蛇

左一博士：

　　这周末爸爸带我们去露营，我特地选择了森林公园作为营地，期待见到更多的动物。
　　我们布置好帐篷时已经是傍晚了。森林公园的夕阳真美啊，仿佛给万物镀上了一层金。不一会儿，暮色四合，苍蓝的天幕上映衬着几点翩翩飞舞的身影，本以为是归巢的鸟，飞近了才看清——是黑溜溜的蝙蝠，其中几只还倒挂在不远处的枝头。我们既好奇又紧张地想靠近去观察，但是爸爸急忙拦住了，说蝙蝠身上满是病菌。博士，蝙蝠真的是一种危险的动物吗？

　　　　　　　好奇又担忧的安安

安安：

　　如果蝙蝠能开口，那它肯定要好好辩诉。古老的寓言里蝙蝠就常以表里不一的狡猾形象出现；西方文化还以蝙蝠为原型创造了吸血鬼等恐怖角色；今天蝙蝠也因"尖嘴猴腮"的外表而饱受嫌恶。
　　其实，人类加在蝙蝠身上的许多想象都源自它的生理构造和习性，只是早先对蝙蝠的认识不够科学，才使它蒙上了神秘而可怕的色彩。蝙蝠是唯一一种会飞的哺乳动物，覆有皮膜的前肢就像翅膀。蝙蝠白天倒挂在阴暗僻静处休息。它的后腿短小，几乎无法站立（为了飞行，蝙蝠舍弃了很多重量），在地面只能以匍匐爬行的姿态活动，很难起飞，而倒挂时只要松脱后爪，就能在下落中伸展翼膜灵活起飞。蝙蝠昼伏夜出的习性是因为它的猎物多在夜间活动——全世界有1300多种蝙蝠，只有3种吸食动物血液，绝大部分以昆虫和植物为食，许多植物依赖蝙蝠而得以繁衍、扩散。比如蝙蝠是榴莲等热带水果的重要授粉者，当热带雨林受破坏时，最先复苏的植物（也就是所说的先锋植物）的种子中有相当一部分是蝙蝠传播的。蝙蝠在调控昆虫数量、维系植物群落方面起着积极作用。
　　蝙蝠的确携带大量病菌，有近200种病毒可寄生在蝙蝠体内，但蝙蝠却安然无恙。我们应该探究其中的原理，而不是简单地把蝙蝠视作"恐怖分子"。此外，病毒、细菌、寄生虫本是大自然的一部分，蝙蝠并非致乱之源。很多疾病反而是人类侵犯野生动物的家园、伤害野生动物的生命时感染的，需要检讨的并不是蝙蝠。从这个角度来说，保护野生动物，就是保护人类自己。

　　　　　　　为蝙蝠抱不平的左一

夜空下的飞将军 蝙蝠

普通蝙蝠

Vespertilio murinus

目：翼手目　科：蝙蝠科　属：蝙蝠属

科学画绘制：郑秋旸

中国动物，很高兴认识你！
普通蝙蝠

蝙蝠纹样

乐乐

不同于蝙蝠在西方文化中的形象，中国传统文化中的蝙蝠是一种瑞兽，因为"蝠"和"福"谐音，蝙蝠成为经典的吉祥纹样，经常出现在衣服、家具、工艺品上。

蝙蝠与病毒

撰稿人◎左一博士

　　动物通过自身免疫反应与病原体斗争，干扰素是免疫系统对抗病毒感染的第一道屏障，动物通常在受到病毒感染后才启动干扰素，但蝙蝠体内的干扰素是持续性的，一直处于工作状态，让病毒"无机可乘"。随着病毒感染加剧，免疫系统中的自然杀伤细胞会启动，但同时也会伴随体温升高、出现炎症等反应。而蝙蝠的自然杀伤细胞会释放出抑制信号，使蝙蝠对病毒感染处于耐受状态，不会产生剧烈的炎症反应而威胁自身健康。

　　一边不停战斗，阻止病毒的攻击；一边降低炎症水平，最大程度地保全自己，蝙蝠最终与各种病毒建立了平衡关系，成为对病毒耐受力最强的哺乳动物之一。

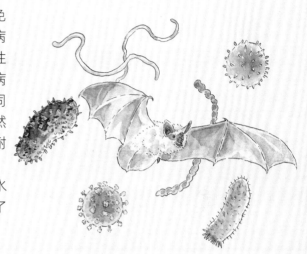

蝙蝠的回声定位系统

撰稿人◎左一博士

　　长期以来，工程师受到蝙蝠的启发从而研发出雷达的说法广为流传，但实际上，这是个美丽的误会。雷达的研发与蝙蝠并无关系，也许是因为蝙蝠的导航方式和雷达的工作原理有一点类似，才让人产生这样的联想。蝙蝠在夜间活动靠的是声音和耳朵——它们的口鼻部会发出超声波，超声波遇到障碍物反射回来，蝙蝠接收到后会迅速调整飞行方向，以此追捕猎物、规避障碍。雷达工作时会发射无线电波，无线电波遇到障碍物反射回来，在荧光屏上呈现出目标物或障碍物的方位，人们以此追踪、定位。

"飞将军"

安安

　　据统计，蝙蝠一年能捕食相当于自身体重 100 倍甚至 150 倍的昆虫，其中相当一部分是会传播疾病、危害农业的蚊蝇等害虫。在欧洲一些地方，农夫会设置人工庇护所吸引蝙蝠定居，每亩田地仅需数只蝙蝠就能避免喷洒杀虫剂。蝙蝠无愧于"飞将军"的赞誉！

"嗡嗡"巡游黄蜂的飞虎队

左一博士：

　　在露营地不远处，我们发现了一个很大的昆虫窝。根据标志性的六角形洞口和那若隐若现的嗡嗡声，我猜是个蜂巢。馋蜂蜜的乐乐找来一根竹竿，还没触到，一只纤腰大肚、遍身虎纹的野蜂便像弹射起飞的战斗机一样直扑过来。我被这不顾一切、拼死一搏的架势吓坏了，赶紧把乐乐拉回来，所幸乐乐没有受伤。乐乐现在还没从惊吓中回过神来呢。

惊魂未定的安安

安安：

　　我也心有余悸，你们遇到的正是黄蜂。它的蜂毒可使被蜇的人过敏，甚至出现休克等严重后果。因此对待有一定危险性的野生动物务必严肃，不能抱着取乐的心态去挑逗。但也别苛责它，黄蜂通常在被惊吓或巢穴被袭扰时才会展开攻击。

　　人们总把赞美留给蜜蜂，而对黄蜂又厌又怕。实际上，黄蜂与蜜蜂有着共同的祖先，在后来的演化之路上逐渐分道扬镳，可以说蜜蜂是蜂中放弃捕猎、改为吃素的"苦行僧"。现今黄蜂的种类远多于蜜蜂，只有少数会蜇人，其余则是寄生性的且多为独居，生活在不被注意的隐秘角落。比如以寄生在其他昆虫卵上为生的仙女蜂，体长只有约0.25毫米，可能是世界上最小的昆虫。

　　和蜜蜂类似，群居种类的黄蜂也有分工：蜂后和雄蜂负责繁衍后代，工蜂则负责觅食、照料幼蜂、修筑与保卫蜂巢。与蜜蜂不同，黄蜂是咀嚼式口器而且没有蜜囊，无法收集、携带花蜜，因此不会酿蜜。它们是杂食偏肉食性的昆虫，会采食含糖的植物汁液，一些植物依赖黄蜂授粉才能繁衍；黄蜂也经常捕食蚊、蝇、虻、蚜等害虫。据估计，一个成熟的黄蜂群每天可捕食多达3000只危害林木、果树的害虫。

　　有一支叫《野蜂飞舞》的名曲，旋律欢快又紧张，恰如我们面对这群"嗡嗡"巡游的飞虎队时好奇又紧张的心情。保持距离，才能欣赏到野蜂飞舞的野趣。期待你们亲近自然的同时，也对自然常怀敬畏之心。

远远欣赏野蜂飞舞的左一

"以毒攻毒"

撰稿人◎左一博士

黄蜂蜂毒是一柄"双刃剑"。有研究表明，黄蜂蜂毒中的特定提取物可以破坏并杀死癌细胞，这对于抗癌药物的研发可能有一定帮助。科学家还尝试将黄蜂蜂毒用于神经疾病、心血管疾病的治疗。对于这番"以毒攻毒"的探索，成果如何，我们拭目以待。

一只生气的黄蜂伸出了腹部末端的螫针。

黄蜂与蜜蜂的区别

调查目标	博士说黄蜂远比蜜蜂凶猛，了解除此之外它们还有什么不同		
调查人	安安 乐乐	调查方式	实地观察、查阅资料、请教养蜂人
调查地点	野外花田	调查时间	9月
调查结果	①外观不同：蜜蜂身形圆短，有明显的绒毛；黄蜂体形更为细长，绒毛稀少。 ②习性不同：黄蜂的食物结构中以肉食为主；蜜蜂则是完全的素食主义者，只采食花粉、花蜜。 ③螫针与毒性不同：蜜蜂的螫针末端跟内脏器官相连，蜇人后，螫针尖端由于有倒钩难以拔出，反而使蜜蜂内脏受到拉扯而死亡。蜜蜂的刺是"一次性"武器，而且蜜蜂毒液的毒性相对较弱。黄蜂的螫针则可以反复使用，且毒性更强。 ④蜂巢不同：蜜蜂巢呈蜡质的质感，黄蜂巢的质感更接近于纸质		

黄蜂的捕食

安安

我听从博士的话，远远观察黄蜂。借助爸爸相机的长焦镜头，我拍到了一组黄蜂捕食的照片。黄蜂身上黑黄相间的条纹像老虎一样威风，捕猎时也像老虎一样凌厉。这次的猎物是一条毛毛虫，体型很大，为了制服它，黄蜂先用螫针刺击并释放出毒素，毛毛虫很快被麻痹。接下来黄蜂用有力的大颚将猎物分解，饱餐后将余下的部分带回了蜂巢。

黄蜂

蜜蜂

墨胸胡蜂

Vespa vchutina nigrithorax

目：膜翅目　　**科：**胡蜂科　　**属：**胡蜂属

科学画绘制：苏　靓

"林暗草 猫头鹰 惊风"

26

左一博士：

今晚是露营的最后一夜，我格外珍惜和大自然亲近的时光。我躺在帐篷里，听着窸窸窣窣的风吹草动声，想到您说的沈复的故事，也把自己想象成出穴觅食的小动物，在林间地头寻寻觅觅……正当我陶醉在想象中时，一声细微而急促的惨叫刺耳而来，还没来得及细听，便戛然而止。一切重归寂静，没有吼声，没有搏斗声，甚至没有挣扎声，只有幽幽的风拂过草尖，但我确信一位强大的掠食者刚刚划破暗夜。

侧耳细听的乐乐

乐乐：

听了你的描述，我想到一句唐诗"林暗草惊风"，而要问谁是"夜引弓"的"将军"，我想非猫头鹰莫属。

准确地说，猫头鹰是它所属的鸮形目猛禽的统称（鸮也是猫头鹰的古名）。它们共同的特征是圆脸大眼，有如猫头。但这双大眼睛可不是为了"卖萌"，这是捕食者的典型配置——眼睛在头部正面，大脑通过双眼视野重叠的视觉信号可判断出与目标物的距离，与之相对的，植食性动物的眼睛通常位于头部两侧以获得更大的视野范围，警惕四周。

此外，动物的视网膜中通常有对弱光敏感的视杆细胞和对强光、色彩敏感的视锥细胞，而猫头鹰的视网膜几乎充满视杆细胞。也就是说，猫头鹰牺牲了辨别色彩与细节的能力，换来了无与伦比的夜间视力。当小动物以为有夜色掩护时，猫头鹰其实早已洞若观火。它居高临下，冷峻地锁定目标，没有尖锐的嘶鸣声，没有呼啸的气流声，甚至没有翅膀扑击的声音，在静谧中急速逼近毫无察觉的猎物，用利爪给予其致命一击。猫头鹰早已适应夜间生活，难怪白天总是懒洋洋的，阳光对它来说过于强烈、刺激，以至于常常睁只眼闭只眼让眼睛轮流休息。

猫头鹰在古代的名声不好，古人讹传它的幼鸟会反噬母亲。作为大型猛禽，猫头鹰是典型的k-选择，母鸟会喂养雏鸟较长时间，可能雏鸟因此有"啃老"之嫌。你瞧，伴随着对动物了解的深入，诸多误解便自然消失。

中国现有30多种猫头鹰，它们都是保护动物。如果你遇见了野生猫头鹰，尤其是在白天，可别打扰它，让它好好休息养精蓄锐吧。等夜幕降临，幽幽的晚风拂过草尖，猫头鹰将如无声的闪电，划过它所守护的山林原野。

守望"将军夜引弓"的左一

雕鸮

Bubo bubo

目：鸮形目　科：鸱鸮科　属：雕鸮属

科学画绘制：肖　白

中国动物，很高兴认识你！
雕鸮

猫头鹰的仿生学启发

撰稿人◎左一博士

猫头鹰是飞行噪声最小的鸟类，即使高速飞行也犹如开启了"静音模式"。这是因为猫头鹰翅膀外缘羽毛梳子齿状的结构可以将气流"过滤"得更为细碎，气流经过翅膀内缘时，被此处羽毛穗须状的结构进一步"打散"，极大地抑制了气流噪声，此外体表的大量松软绒毛也有一定吸声功能。工程师尝试将同样原理的结构应用于无人机、风力发电机的桨叶上，以降低其工作噪声。通过研究生物体的结构与原理研发新的科技与设备，这就是仿生学。奇妙的动物世界是仿生学的灵感源泉。

猫头鹰的食谱

乐乐

博士说猫头鹰是守卫生态平衡的骁将。我们了解到猫头鹰的食谱中 90% 是啮齿类动物，一只成年猫头鹰一年能消灭上千只田鼠。如果没有猫头鹰，r-选择的田鼠、家鼠、野兔等啮齿类动物凭借强大的繁殖力，很容易泛滥成灾，超过环境的承载力，也会危及农业生产。

猫头鹰的无敌视野

安安

听了博士的讲解，我对猫头鹰的眼睛产生了浓厚的兴趣。查阅动物图鉴，我发现猫头鹰的眼球竟然是圆柱状的，因此无法在眼眶内自由转动。为了弥补这一点，猫头鹰演化出了复杂而精巧的脖子——足有 14 节颈椎，是人类颈椎数量的两倍。同时猫头鹰的颈椎动脉有能"缓存"血液的结构，当扭头引起动脉血管扭曲、血流量减少时，缓存在此的血液能及时供应给脑部。这使得猫头鹰可以轻松自如地将头部旋转 270 度，获得近乎无死角的全景视野，堪称动物之最。

左一博士：

　　附近新开辟了一座公园，安安迫不及待地拉着我一起"打卡"。尽管我们是最早入园的一批游客，但显然"有人"早已捷足先登——许多鸟儿已经在这安了家。其中最吸引我们的是一只其貌不扬的乌鸦，因为它正做着滑稽的游戏——衔着一截树枝，停在树干上不断扭动、旋转。过了一会儿，它从树干的缝隙中"钓"出了一条虫子，原来这截树枝是它钻探钩取的工具。博士，使用工具难道不是人类的"专利"吗？

对乌鸦智商感到惊奇的乐乐

乐乐：

　　人类能从动物中"脱颖而出"，与对工具的发明密不可分。动物尽管不会发明，但一些动物会使用天然的工具。

　　乌鸦正是这样一种聪明的动物。你可能读过乌鸦喝水的寓言，尽管故事是虚构的，但"歪打正着"地反映出乌鸦的才智。乌鸦不仅会利用天然的工具，还在行为决策中表现出一定的逻辑性，比如有学者观测到住在海边的乌鸦会把海螺抓起飞到空中投下，以摔碎螺壳吃到螺肉。如果高度太低不足以摔碎螺壳，太高则容易丢失目标或摔得过于支离破碎，乌鸦在几次尝试后就能把投掷高度控制得恰到好处，体现出乌鸦对自己的行为是有记忆的，并能根据经验修正判断。"鸟中诸葛"之称，乌鸦当之无愧。

　　乌鸦之所以有这样的智商，一方面是因为先天优势——大脑是动物进行智力活动的基础，乌鸦大脑容量与身体的比例在鸟类中首屈一指；另一方面离不开后天学习，乌鸦是群居动物，而且寿命长达10多年，有机会在漫长的集体生活中交流生存经验，甚至传授给下一代。乌鸦的形象曾经历神鸟、吉鸟、恶鸟的"滑坡"。上古先民将乌鸦视为太阳的象征，巧合的是，乌鸦在古希腊神话中也长伴在太阳神阿波罗左右。古人相传小乌鸦长大后，会反哺年迈的父母，是孝亲祥瑞的象征。但后来，由于乌鸦有食腐的习性，经常凭借灵敏的嗅觉寻觅腐尸，人们逐渐把乌鸦和死亡联系在一起。加上乌鸦叫声凄厉、遍体乌黑，它的形象也从可亲的"慈乌反哺"变成了令人嫌恶的"乌合之众"。

　　有一个和乌鸦有关的成语——爱屋及乌，比喻喜爱一个人进而喜爱与他有关的事物。作为最聪明的鸟类之一，乌鸦有着很大的科研和生态价值，我们欣赏乌鸦的智商，也应"爱屋及乌"地包容它的天性。

　　　　　　　　　　为乌鸦正名的左一

鸟中诸葛

乌鸦

乌鸦与工具

撰稿人◎左一博士

我们偶然目睹的这一幕其实是动物学家的重要研究课题，有学者专门跟踪观测乌鸦，发现乌鸦会花费大量时间寻找形状合适的树枝以钩取深藏在树干里的虫子。乌鸦甚至很注意保管工具，用完后会小心翼翼地踩在脚下，或是插在附近的树皮缝隙中以免丢失。

"三足乌"的传说

乐乐

传说太阳中有一只乌鸦，掩映在金红的日光之中，所以后世的诗文中常以"金乌"代指太阳。可能是古人目击太阳黑子，以为是雄健的乌鸦高飞于太阳之上。从文物造型来看，金乌的形象最早是二足，汉朝之后人们加了一足以区别于寻常的乌鸦——这一点和神话里的月宫三足蟾是不是有点像呢？

中国常见的鸦科鸟类

调查目标	俗话说"天下乌鸦一般黑"，了解乌鸦是否真如俗话所说的那样		
调查人	安安 乐乐	调查方式	实地观察、请教鸟类摄影师
调查地点	郊外	调查时间	9月
调查结果	"乌鸦"实际上是雀形目鸦科成员的泛称，大多数乌鸦通体漆黑，但也有例外。 渡鸦：是体型最大的乌鸦，全身羽毛黑色，阳光下略带紫蓝色的金属光泽。 白颈乌鸦：为数不多的并非通体乌黑的乌鸦，颈部和胸部的羽毛是白色的。 秃鼻乌鸦：全身黑色，喙部附近裸露的灰白色皮肤是它的标志性特征。 大嘴乌鸦：最常见的乌鸦种类之一，全身黑色，喙格外粗大，额头明显突出。		

大嘴乌鸦 *Corvus macrorhynchos*

目：雀形目　　科：鸦科　　属：鸦属

科学画绘制：肖　白

中国动物，很高兴认识你！
大嘴乌鸦

"慈乌反哺" 的真相

乐乐

　　"慈乌反哺"实际上是一个美丽的误会。一些种类的乌鸦存在多个家庭成员协助父母共同照顾雏鸟的现象，这些"协助者"是双亲上一窝生育的后代，也就是这一窝雏鸟的哥哥姐姐们。也许古人见到一些尚未成年的乌鸦往窝里送食物，便误以为它们是在孝敬父母。但这一典故寄托了人们对父母与子女之间美好感情的期许，因而已成为一个经典的文学意象。

叽叽喳喳 麻雀 论功过

树麻雀

黑顶麻雀

黑胸麻雀

山麻雀

家麻雀

左﹑博士寄来
的照片

34

左一博士：

　　国庆假期我和乐乐一起回乡下小住，清晨便被"处处闻啼鸟"唤醒——不是莺声燕语，而是叽叽喳喳。不用说，是成群的麻雀在上下喧闹。乐乐并不气恼，他觉得麻雀数量多是生态良好的体现，但种粮户却满心忧虑：正是收获季，雀儿不知要偷吃多少稻谷？博士，我们该赶走麻雀吗？

睡眼惺忪的安安

安安：

　　麻雀可以说是最常见的鸟类了。然而，看似无忧无虑的它们，却有着不为人知的艰辛生活。麻雀的天敌众多。隼、雀鹰等猛禽的猎物有一多半是麻雀，喜鹊等杂食性鸟类也会偶尔拿麻雀"开荤"。麻雀是食物链中位于底层却极为关键的一环。

　　麻雀喜欢和人类"比邻而居"的一大原因是它不善筑巢，正好可以在房舍的孔洞安家。但随着社会经济发展，现代建筑让麻雀越来越"无隙可乘"，园林部门为防虫会填充行道树的孔洞，麻雀不得不花费更多的功夫去寻觅栖身之所。

　　当然，麻雀最大的艰辛源自长期以来被人误解、滥捕。比如五代时，官府要求百姓额外缴纳一笔"雀鼠耗"，理由正是麻雀"损耗"粮食。人们视麻雀为应当消灭的害鸟。实际上，麻雀的食性随季节而变化，在夏、秋、冬三季主要吃植物，而在庄稼成长的春季，麻雀为了养育幼鸟会大量捕食昆虫，其中相当多是害虫。从整体来看，麻雀对农业生产、生态平衡"功"大于"过"。如果麻雀的数量实在多到了产生危害的地步，可以向林业主管部门求助。

　　近年来随着社会环保意识的提高，麻雀种群也明显复苏。但一部分人对保护动物的认识还停留在保护美丽、珍稀动物的层面。的确，麻雀其貌不扬，如果给麻雀写生，用到最多的是灰褐、棕黄这类"土里土气"的颜料。但动物的可爱之处一定得是艳丽的彩羽、悦耳的啼鸣吗？麻雀脸颊两边的斑点像不像没抹匀的腮红？麻雀不善高飞，不会迁徙，在北方漫长的冬季，冰封的旷野一片寂静时，它们叽叽喳喳的叫声，是不是能给人带来亲切的生机？灰头土脸的麻雀，也有着可亲的一面。乡村田野是人的故土，也是野生动物的家园，无论它们是珍稀奇异，还是平凡渺小。

爱护平凡动物的左一

"三有"动物

撰稿人◎安安

博士的话提醒了我,并非只有珍禽异兽才是需要保护的动物。国家林业和草原局将一部分并不濒危但对生态、科学、社会有重要价值的动物纳入《国家保护的有重要生态、科学、社会价值的陆生野生动物名录》加以保护。除了麻雀,青蛙、蟾蜍、壁虎、野鸡以及蛇类也是常见的"三有"动物。

麻雀可以被驯化吗?

安安

极少有人饲养麻雀,不单单是因为麻雀其貌不扬,也是因为麻雀的应激反应非常强烈。麻雀一旦被抓在笼中,会持续处于高度紧张的状态,无法进食,不顾疼痛地撞击笼网,此时对其稍有刺激便很容易导致死亡。鲁迅在《从百草园到三味书屋》里提到冬天设陷阱捕鸟时"所得的是麻雀居多,也有白颊的'张飞鸟',性子很躁,养不过夜的"就是对动物强烈应激反应的真实写照。

麻雀的"沙浴"

安安

我和乐乐在观察麻雀时,发现它们一个有趣的习性——爱在沙土里打滚。它们钻进沙土里,甩头把沙土扬到身上,再摇晃抖落,看起来"玩"得不亦乐乎。实际上,这是麻雀在"洗澡",通过摩擦让沙土带走污垢和寄生虫。鸟类普遍喜欢洗澡,麻雀等栖息在近地面的小鸟更喜欢以沙代水的"沙浴"。

目：雀形目　　科：雀科　　属：麻雀属

科学画绘制：肖　白

中国动物，很高兴认识你！

麻雀

保护"三有"动物

左一博士：

　　田园生活并不总是那样美好——房前屋后的老鼠洞随处可见，家里的东西也经常出现被啃咬的痕迹。今天恰巧遇到护林员救护"三有"动物，其中包括几只从盗猎陷阱里解救出的黄鼠狼。有人提议就在村子里放归，以平息鼠患，大家对这想法竟很赞同。博士，真的可以放"狼"归山吗？

犹豫不敢投赞成票的安安

安安：

　　老鼠可以说是最不受欢迎的动物之一了，《诗经》里就有"硕鼠硕鼠，无食我黍"的哀叹。和麻雀类似，处于食物链底端的老鼠也供养了一大批猎食者，这是老鼠的生态价值。但老鼠对农业生产和社会生活的危害程度更高，人们不得不干预。为了减少对环境的影响，如今我们倡导生物防治，也就是利用天敌对付它。

　　在老鼠的众多天敌中，黄鼠狼有着独特的优势。有这样的先例：武汉市多个社区一度鼠患猖獗，林业部门把解救的黄鼠狼集中放归，遏制了老鼠泛滥的势头。黄鼠狼身体瘦长、四肢短而有力，正是为了钻进狭窄洞穴而特化的体形，它会深入曲折的地道将整窝老鼠"一网打尽"。在建筑密集的复杂人工环境里，黄鼠狼的效率超过其他捕食者。

　　黄鼠狼所在的鼬科（黄鼠狼的学名正是黄鼬）是食肉目下体型最小的类群，但这群小家伙却有着与身材不相称的战斗力，黄鼠狼的体长通常只有 25~30 厘米（其中一多半是尾巴的长度），体重 0.5 千克左右，但捕猎体重数倍于自身的野兔也不在话下。与它同一科的近亲——貂熊更是能以十几千克的体重捕食上百千克的鹿，甚至敢于抢夺狼群的食物。鼬科成员堪称迷你版的悍勇斗士。

　　但长期以来，这位迷你斗士总是在民间文化中饰演"反派"。实际上，黄鼠狼偷吃家禽并非常态，往往是因为在自然环境中获取不到足够的食物，它其实是"受害者"。冬季换毛后的黄鼠狼皮毛细密柔滑，有一定经济价值，尾毛是制造狼毫笔的原料。但由于黄鼠狼难以驯养，人们多是直接从野外猎捕。公诉捕杀黄鼠狼的案件时常登上新闻，每一起案件的背后都是数十、数百甚至上万只黄鼠狼成为无辜的牺牲品。

　　放"狼"归山吧，黄鼠狼本就属于山野，贪欲和涸泽而渔的发展观念才是真正的"虎狼"，要用法律和社会公德的锁链牢牢制约。

支持放"狼"归山的左一

古人眼中的黄鼠狼

撰稿人◎安安

黄鼠狼的古名叫"鼪"。晋朝学者郭璞注解："江东呼鼬鼠为鼪，能啖鼠，俗呼鼠狼。"也就是说它因为吃老鼠而被民间叫作"鼠狼"。将"黄鼠狼"这一名字发扬光大的当属中国古代的医药学、博物学巨著《本草纲目》，在介绍黄鼠狼时李时珍强调"此物健于搏鼠"，可见在古人眼中黄鼠狼是善于捕鼠的益兽。

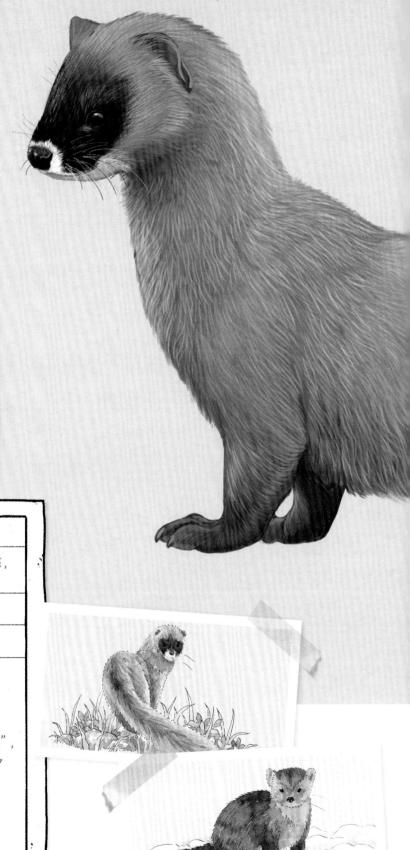

黄鼠狼与貂

调查目标	护林员说黄鼠狼皮毛柔顺，有不法分子捕捉黄鼠狼以冒充貂皮（当然，偷猎貂也是违法行为），我们想知道黄鼠狼和貂有什么区别		
调查人	安安 乐乐		
调查方式	翻阅图书、请教护林员	调查时间	10 月
调查结果	黄鼠狼 科属：食肉目鼬科鼬属。 形态：全身皮毛为黄褐色、杏黄色或金黄色，面部毛色深而近黑。 生活习性：在中国分布非常广泛，《本草纲目》里也说"鼬，处处有之"，它们很容易被高密度的啮齿动物吸引而与人共居，在乡村甚至城市中都很常见。 貂 科属：食肉目鼬科貂属。 形态：毛色更深，多为褐色、黑褐色，体型比鼬属成员大。 生活习性：野生貂是保护动物，通常生活在寒冷地带，主食是鱼类		

2022 0304

黄鼬
Mustela sibirica

目：食肉目	科：鼬科	属：鼬属
科学画绘制：郑秋旸		

中国动物，很高兴认识你！

黄鼬

黄鼠狼的"化学武器"

乐乐

　　食物链是一条环环相扣的链条，黄鼠狼也是更强大捕食者的猎物。它拥有独特的自卫手段——《本草纲目》里记载"其气极臊臭"。黄鼠狼的肛门旁有一对臭腺，可以喷射多种硫化物混合的、具有强烈刺激性的恶臭分泌物，就像"毒气弹"一样，能让敌人恶心、眩晕，甚至中毒，不得不放弃攻击。

织网大师

蜘蛛

左一博士：

石榴熟了，空气里弥漫着清甜的果香，"挑逗"着我和安安架起梯子摘石榴。当我将手伸进茂密的枝丛时，感到手上黏糊糊的，原来是碰到了蜘蛛网。此时，网的主人也吊着一根细丝垂下，像"缒城而下"的古代勇士试图保卫城池，我赶紧缩回手匆匆退下。博士，自从捅马蜂窝事件后，我决定尊重动物的家园，这次无意间破坏了蜘蛛的"家"，对此我有点惭愧。

希望得到蜘蛛原谅的乐乐

乐乐：

你亲身感受到了人类活动会深刻影响自然环境。不过也别太内疚，蜘蛛不久后还能织出一张新的网。

人们很早就注意到了蜘蛛吐丝的本领，在古希腊神话里，蜘蛛是由一位精通纺织的少女化成的。蜘蛛拥有其他节肢动物不具备的器官——纺器，蛛丝正是由纺器产生。不同于"春蚕到死丝方尽"，蜘蛛在整个生命周期都能持续地产出蛛丝，蛛丝也在蜘蛛的生命中起到至关重要的作用——蛛丝织成的蛛网是蜘蛛的捕猎工具；一些穴居蜘蛛会用蛛丝织造隐蔽和便于伏击的巢穴；繁殖期间雌蜘蛛会用蛛丝织成容器以收纳、孵化卵；蛛丝也是蜘蛛运动的辅助工具，就好像登山运动员借助绳索起降；蜘蛛尤其是幼年蜘蛛还会分泌一种称为"游丝"的极细的蛛丝，游丝缠成的丝团像滑翔伞一样载着蜘蛛飘到空中，扩散到极远的距离之外，没有翅膀的蜘蛛能随着气流飘荡到高山、海岛等人迹罕至的地方。科学家将蜘蛛这项独一无二的本领称为"抽丝飞航"……蜘蛛几乎都会吐丝，但有些蜘蛛不织网，四处游走或就地伪装来捕食。

蜘蛛以其庞大的数量、广泛的分布和各具特色的捕食方式，成为生物防治中的关键一环。如果来到蜘蛛种群丰富的稻田，你也许会看到这样一幕：在稻田上层，善于跃迁的跳蛛、像螃蟹一样横行的蟹蛛、赤褐色的草间小黑蛛捕食危害禾叶的卷叶螟、稻苞虫；在稻田下层，浮游于水面的拟水狼蛛四处游猎，捕食危害水稻根茎的稻飞虱、叶蝉；在稻田中间，织垂直状网的园蛛、织水平状网的肖蛸蛛捕捉飞行的害虫……可以说，凡是危害水稻的害虫，几乎都有相应的蜘蛛能将其"绳之以法"。难怪古人把蜘蛛称作"喜蛛"或"喜子"，有"蜘蛛集而百事嘉"的说法，把蜘蛛群集视为丰年的预兆。

当你欣赏丰收的稻田时，可别忘记，金灿灿的稻穗之下，形态各异的蜘蛛们或守株待兔，或蛰居伏击，或巡弋游猎，共同织就了让害虫插翅难逃的天罗地网。

静候蜘蛛织好新网的左一

白额
巨蟹蛛
Heteropoda venatoria

目：蜘蛛目　科：巨蟹蛛科　属：巨蟹蛛属
科学画绘制：苏 靓

蜘蛛是昆虫吗？

调查目标	博士说蜘蛛是最常见的节肢动物之一，我们想知道蜘蛛和同属于节肢动物的昆虫有何区别
调查人	安安 乐乐

调查地点	采摘园、农田	调查时间	10月

| 调查结果 | 蜘蛛不是昆虫，它属于节肢动物门的蛛形纲，与属于节肢动物门的昆虫纲的昆虫有明显区别。
昆虫纲成员：
腿的数量：6条。
触角：大部分有一对触角。
身体结构：有外骨骼，分为头、胸、腹三段。
蛛形纲成员：
腿的数量：8条。
触角：没有触角，但有和触角作用相似的触肢。
身体结构：也有外骨骼，但只分为头胸部、腹部两段 | 节肢动物蜘蛛

昆虫螳螂 |

中国动物，很高兴认识你！
白额巨蟹蛛

蛛丝的价值

撰稿人◎左一博士

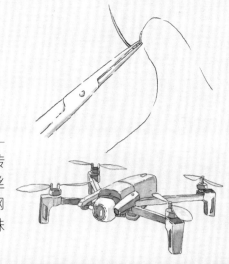

和蚕丝类似，蛛丝的主要成分也是蛋白质。科学家通过转基因技术获取蛛丝蛋白，再经过纺丝工艺得到性能和天然蛛丝相近的人工合成蛛丝。蛛丝的强度和韧度数倍于同等尺寸的钢丝，有工程方面的价值；人体对蛛丝蛋白有良好的相容性，蛛丝还可用于包覆伤口的医疗材料。蛛丝的潜在价值十分可观。

蜘蛛的进食方式

安安

看了博士的回信，我们怀着更浓厚的兴趣观察蜘蛛，在蛛网上发现不少昆虫的骸壳。蜘蛛进食怎么这样"浪费"呢？请教园艺技术员后我们知道，蜘蛛的口器很小，而且没有撕咬、咀嚼的功能。所以蜘蛛捕获猎物后，先用吸管状的口器向猎物注射消化酶，这样能杀死猎物并使其肌肉、内脏溶解成液态，蜘蛛再以吮吸的方式进食。这一过程称为体外消化。蜘蛛甚至可以调整消化酶的比例，来优先吸收自己缺乏的营养成分。但蜘蛛的消化酶溶解不了昆虫的外骨骼，因此蛛网上常有蜘蛛饱餐后遗弃的猎物空壳。

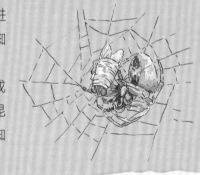

我为什么不会被自己的网黏住？这是由于蛛网里辐条似的纵向丝没有黏性，圈状的横向丝才有黏性，这是我的地盘，我当然熟悉哪条路好走喽。此外我的腿上有刚毛，减少了和网的接触面积，腿上还有油性涂层可以隔绝黏性物质。

常见的蜘蛛

乐乐

博士说我们身边也活跃着多种蜘蛛，我特地借来一部节肢动物图鉴"按图索骥"，发现跳蛛、狼蛛、高脚蛛和园蛛是身边较为常见的蜘蛛。其中前三种蜘蛛不结网，只有园蛛结网，而且形状规整，近似圆形，多为垂直网。由此看来，我在石榴树上遇到的可能是一只园蛛。

 园蛛

 高脚蛛

 跳蛛

 狼蛛

左一博士：

　　今天安安哭了好一会儿。原来是雨后许多蚯蚓钻出土壤，像没头苍蝇一样乱爬，安安不想看到它们爬到路上被碾死，便壮着胆子把它们抓回土中。蚯蚓不知道她是来帮忙的，在她手心里拼命蠕动、挣扎，弄得她满手都是黏液。当时急于救助来不及多想，事后安安再也控制不住，"恶心"得哭了出来。我安慰她说蚯蚓会感激你的，还一起去看蚯蚓重归土壤的痕迹，她这才破涕为笑。

为安安而骄傲的乐乐

地底世界的蚯蚓
无名英雄

安安、乐乐：

　　为了救助生命而克服内心的抵触，真是了不起的善良！软绵绵、黏糊糊的蚯蚓谈不上多讨人喜欢，加上它们总是不见天日就更容易被忽视。你们见到蚯蚓在雨后爬出来，可能是雨水灌满土壤孔隙让它们难以呼吸，也可能是此时环境湿润适宜迁徙，科学家正在研究这一现象。

　　实际上，蚯蚓值得研究的地方远不止于此。蚯蚓是生态系统中的分解者，每天摄取30倍于其体重的土壤，消化后将其中大部分排泄出来，经微生物分解形成有机质和胶体颗粒，成为持续释放养分的肥料。蚯蚓的运动和排泄过程将表层的植物碎屑带到深层土壤，将深层的矿物成分带到表层土壤，既改善了土壤的物理性质，让土壤更加疏松，有利于植物根系发育；也改善了土壤的化学性质，经蚯蚓消化系统处理后土壤的酸碱度趋近中性，更适于植物生长和微生物繁殖。蚯蚓密度高的土地通常更为肥沃、植被更为茁壮。亚里士多德称蚯蚓为"大地的肠道"，达尔文更是毫不吝惜地赞美它们是"世界上最有价值的生物"。研究蚯蚓是现代生态学的重要课题。

　　蚯蚓不仅服务于农业生产，也为困扰现代社会的垃圾问题提供了一条解决思路。山东省平阴县将养殖场的牛粪收集后发酵饲养蚯蚓，形成优质的有机肥再反哺农田。上海市利用蚯蚓处理厨余垃圾，还用蚯蚓来"保养"人工湿地这一生活污水处理场所。这些尝试都取得了理想的生态效益。

　　"无爪牙之利、筋骨之强"的蚯蚓很强大，它们维系着生态系统的良好运转；"上食埃土，下饮黄泉"的蚯蚓也很脆弱，它们对环境变化十分敏感。这些不见天日的无名英雄值得我们的尊敬，也需要我们的呵护。

向"无名英雄"致敬的左一

环毛蚓

Pheretima tschiliensis

目： 单向蚓目　**科：** 巨蚓科　**属：** 环毛蚓属

科学画绘制： 许可欣

中国动物，很高兴认识你！

环毛蚓

蚯蚓的生态价值

乐乐

蚯蚓不仅为植物生长创造条件，也供养了一大批动物。去除水分后，蚯蚓的蛋白质含量可达 50% 以上，鼹鼠等哺乳动物、乌鸫等鸟类、盲蛇等爬行动物、蝾螈等两栖动物、蜈蚣等节肢动物……都将蚯蚓作为重要的食物和营养来源，如果没有蚯蚓，就没有欣欣向荣的生态圈。

蚯蚓的再生

撰稿人◎左一博士

有一种流传的说法：把蚯蚓切成两段，就会长成两条蚯蚓。这实际上是夸张理解了以蚯蚓为代表的环节动物的再生能力。蚯蚓能否再生与位于身体前部的心脏和生殖环带（蚯蚓用以繁殖的器官）密切相关。实验表明，大部分蚯蚓头部、尾部受伤后可以再次生出头部、尾部，当蚯蚓从中间断开时，只有保留心脏和生殖环带的那一节会再生。

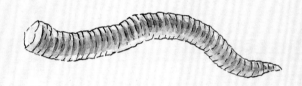

蚯蚓的黏液

撰稿人◎左一博士

蚯蚓的身体总是黏糊糊的，这是因为蚯蚓用皮肤呼吸，体壁分泌黏液以溶解氧气，再渗透到体壁内的毛细血管中，血液中的二氧化碳也通过体壁排出体外。如果长时间暴露在阳光下，体壁的黏液会逐渐变干，蚯蚓最终会死于缺氧和脱水。

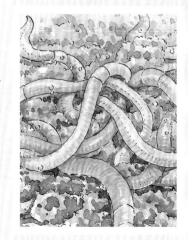

蚯蚓是哪类动物？

安安

蚯蚓身体柔软，但并非软体动物。仔细观察，蚯蚓的身体是一环一环的，这正是环节动物最显著的特征——身体由许多形态相似的体节构成。蚯蚓的身体看起来很光滑，其实腹部有密集的刚毛，借以在运动时支撑和固定身体，这也是环节动物的重要特征。

ECOSYSTEM
生态系统

这是一个典型的湿地生态系统，你能发现生产者、消费者、分解者分别是什么吗？

《动物日报》·生态特刊

　　生态系统指在自然界的一定的空间内，生物与环境构成的统一整体。我们要保护野生动物，不要因为长相或习性而"冤枉"它们，因为每个物种都有自己的生态价值，都是生态系统里的一环。

　　生态系统由非生物的物质和能量、生产者、消费者、分解者组成。其中生产者主要包括各种绿色植物，植物利用太阳能进行光合作用合成有机物，维系着整个生态系统的稳定。分解者又称还原者，以各种腐生细菌和真菌为主，也包含蚯蚓等腐生动物，它们将尸体、粪便等复杂有机质分解成水、二氧化碳等可以被生产者重新利用的物质，完成物质的循环。消费者的范围非常广，包括了几乎所有动物和部分微生物，它们通过捕食和寄生关系在生态系统中传递能量，其中，以生产者为食的消费者称为初级消费者，以初级消费者为食的称为次级消费者，其后还有三级消费者与四级消费者。（●特约记者 左一博士）

生态系统的范围可大可小，不同的生态系统之间也可能会相互交错，地球上最大的生态系统是生物圈，我国的生态系统分类如下。

我国生态系统分类

森林生态系统	▶ 包括阔叶林、针叶林、针阔混交林、稀疏林
灌丛生态系统	▶ 包括针阔叶灌丛、针叶灌丛、稀疏灌丛
草地生态系统	▶ 包括草甸、草原、草丛、稀疏草地
湿地生态系统	▶ 包括沼泽、湖泊、河流
农田生态系统	▶ 包括耕地、园地
城镇生态系统	▶ 包括居住地、城市绿地、工矿交通
荒漠生态系统	▶ 包括沙漠、沙地、盐碱地
海洋生态系统	▶ 包括滨海湿地、珊瑚礁、上升流、深海
其他	▶ 包括冰川、永久积雪、裸地

51

是猫头鹰。在你读本册书的时间里，猫头鹰可以捕捉 5 只田鼠。别嫌弃动物的习性，要尊重动物的价值。

中国动物，很高兴认识你！
观察手账

中国儿童自然百科通识绘本

"不请"自来"的动物 4

米莱童书 著绘

北京理工大学出版社
BEIJING INSTITUTE OF TECHNOLOGY PRESS

中国动物
很高兴认识你
北京市科学技术协会
科普创作出版资金资助项目

图书在版编目（CIP）数据

中国动物 : 很高兴认识你 : 全4册 / 米莱童书著绘
. -- 北京 : 北京理工大学出版社, 2023.11
　ISBN 978-7-5763-2669-7

　Ⅰ.①中… Ⅱ.①米… Ⅲ.①动物—中国—儿童读物
Ⅳ.①Q95-49

　中国国家版本馆CIP数据核字(2023)第142099号

责任编辑：李慧智　　　文案编辑：李慧智
责任校对：周瑞红　　　责任印制：王美丽

出版发行 / 北京理工大学出版社有限责任公司
社　　址 / 北京市丰台区四合庄路 6 号
邮　　编 / 100070
电　　话 / （010）82563891（童书售后服务热线）
网　　址 / http：// www.bitpress.com.cn

版 印 次 / 2023 年 11 月第 1 版第 1 次印刷
印　　刷 / 雅迪云印（天津）科技有限公司
开　　本 / 787 mm × 1092 mm　1/12
印　　张 / $17\frac{1}{3}$
字　　数 / 400 千字
定　　价 / 200.00 元（全4册）

动物观察手账

这是安安和乐乐的手账本。这里有我们和动物学家左一博士的通信、我们的调查报告、观察记录、《动物日报》里的剪报、抓拍的照片和手绘涂鸦，还有精心收藏的动物科学画。

这里有 40 种动物。也许你会奇怪，怎么没有大熊猫、金丝猴等声名在外的保护动物呢？实际上，关心动物不应当只在乎动物中的明星，那些不起眼的、那些默默陪伴在我们身边的、那些被人们嫌弃甚至厌恶的、那些时常化身为不速之客的动物，它们没有明星的光环，而依然奋力生存。它们同样值得我们关注，同样是"中国动物"的代表。

这也是热爱动物的人共同的作品：左一博士给我们分享了许多奇趣的知识，身处一线的保育工作者给我们讲述了不为人知的见闻，专业的科学画师给我们绘制了作为鉴定动物依据的"标准照"……我们也在观察过程中总结出了很有用的技巧和工具，高兴地分享给你，期待你也能记录下自己的观察所得，让这本手账越来越丰富、精彩！

看，一只"鬼鬼祟祟"的动物……

中国动物，很高兴认识你！观察手账

序

当你伴着朝阳上学时，猫头鹰正疲惫地飞回巢穴；当你思量着中午的饭菜时，享受日光浴的猫正慵懒地打盹；当你在体育课上挥洒汗水时，枝头的蝉正放声高歌；当你沉沉睡入梦乡时，壁虎正爬过茫茫夜色……当你享受生活时，动物也在与我们共享同一片家园。

同享一片家园，我们怎么能不关心邻居呢？孔子曰："多识于鸟兽草木之名。"动物犹如一面镜子，能鉴照异彩纷呈的大自然，能鉴照悠久沧桑的文明史。

动物栖息在各种各样的环境：从积雪皑皑的高原雪山，到暑气腾腾的热带丛林；从辽阔苍茫的塞外草原，到荞麦青青的田间地头……动物恰如大自然的形象代言人，讲述生命的传奇。仔细倾听，你能了解到生命演化的历程、生态系统的奥秘。

动物也给文明进程留下烙印：龟甲和兽骨曾刻有汉字的雏形，蛇的身躯曾融入古老的图腾，鸽子的羽翼曾寄托殷切的思念，蚕的丝线曾承载通商致远的希望……动物恰如历史的生动注脚，耐心品读，你能了解到历史的变迁、文化的多元。

像夫子说的那样，去多认识一些"鸟兽草木之名"吧，去认识那些毛发鬅鬙、羽翼翩翩、鳞甲森森的邻居吧。在这里，我满怀期待地推荐这套《中国动物，很高兴认识你》。

在这里，你会认识 40 种中国原生的乡土动物和在中国历史文化中有着深刻内涵的动物。在这里，你也会结识更多热爱动物的朋友——专业的科学绘画师。正是他们亲手绘制了本书的科学画，通过不同视角和尺度的转换叠合，画出动物的准确形态，凸显出最重要的细节，留下一张可以作为物种鉴定依据的"标准照"，铭记生命的永恒。在这里，让我们一并向动物科学绘画师、动物保育工作者及所有真正投身于环保事业的人们致敬！

期待你在这里，爱上动物；在这里，亲近自然。

中国科学院动物研究所博士、研究馆员
国家动物博物馆副馆长

张劲硕

国家动物博物馆科普策划 张劲硕博士（左一）

学术指导

张 劲 硕

中国科学院动物研究所博士、研究馆员，国家动物博物馆副馆长

（这张合影为张博士带来了"左一"的趣名，他正是本书中与小主人公通信的动物学者）

米莱童书

米莱童书是由国内多位资深童书编辑、插画家组成的原创童书研发平台。旗下作品曾获得 2019 年度"中国好书"，2019、2020 年度"桂冠童书"等荣誉；创作内容多次入选"原动力"中国原创动漫出版扶持计划。作为中国新闻出版业科技与标准重点实验室（跨领域综合方向）授牌的中国青少年科普内容研发与推广基地，米莱童书一贯致力于对传统童书进行内容与形式的升级迭代，开发一流原创童书作品，适应当代中国家庭更高的阅读与学习需求。

特约观察员

特约观察员既是小读者，也是小作者，他们的细致观察与周密调查为本书贡献了第一手素材。

王 振 全	（北京市朝阳区第二实验小学）
陈 毅 轩	（北京育才小学）
刘 米 莱	（人大附中亦庄新城学校）
孙 雯 悦	（人大附中亦庄新城学校）
张 馨 月	（北京第一实验小学红莲分校）

原创团队

策 划 人：	陶 然
创作编辑：	陶 然　孙运萍
绘 画 组：	小 改　都一乐　李 玲　孙愚火
科学画绘制组：	李业亚　苏 靓　肖 白　许可欣　郑秋旸
美术设计：	刘雅宁　张立佳　辛 洋

自然寻踪

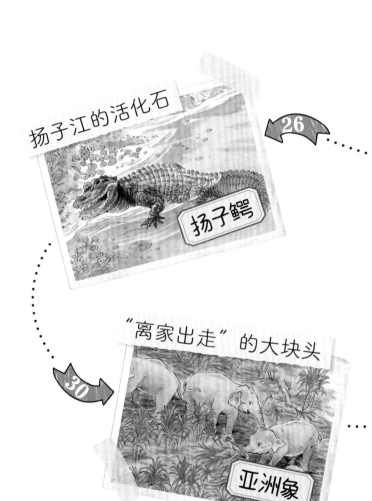

扬子江的活化石

扬子鳄　26

"离家出走"的大块头

亚洲象　30

专题：
中国的自然
保护地体系　50

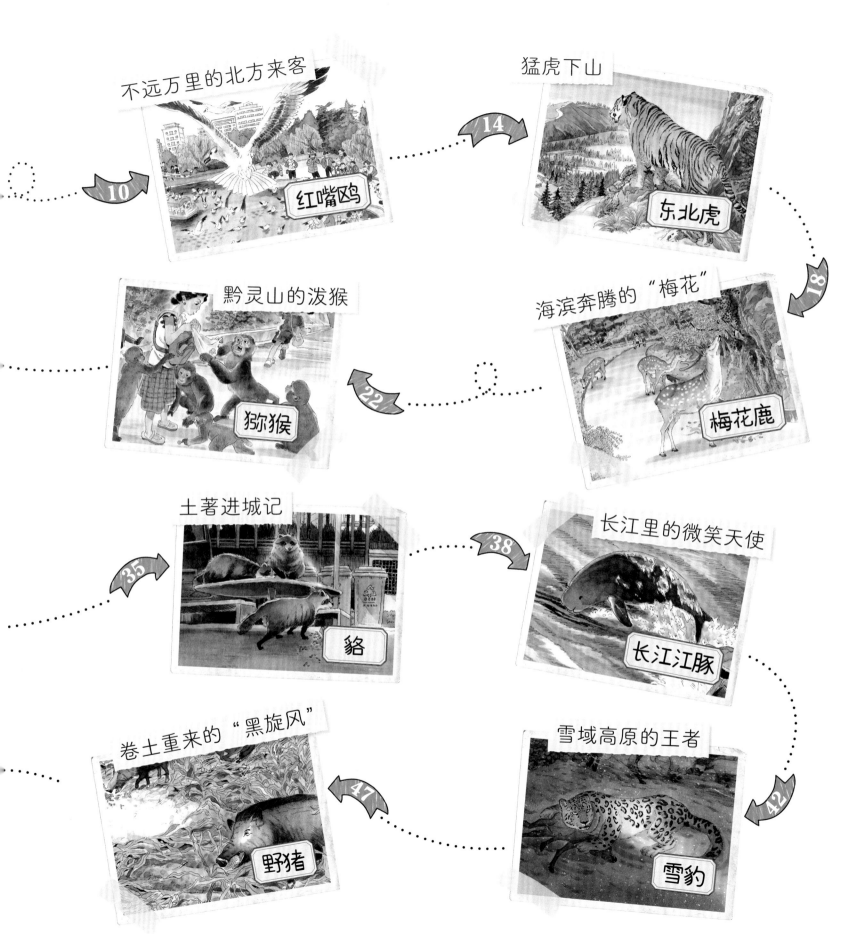

不远万里的北方来客　红嘴鸥

猛虎下山　东北虎

黔灵山的泼猴　猕猴

海滨奔腾的"梅花"　梅花鹿

土著进城记　貉

长江里的微笑天使　长江江豚

卷土重来的"黑旋风"　野猪

雪域高原的王者　雪豹

10　14　18　22　35　38　42　47

调查人	呼吁大家保护动物的安安和乐乐		
调查背景	左一博士又背上行囊，前去追踪最近常常登上热搜的事件——野生动物频频"闯入"人的领地		
调查目标	了解新闻中的这些动物为什么会和人发生冲突		
调查对象	"不请自来"的动物	调查时间	全年
调查地点	博士实地追踪		
调查方法	查阅资料、和左一博士通信		
调查结果	追随博士的脚步，我们了解到了新闻背后的故事，我们觉得说这些动物是"不速之客"并不准确，地球本就是它们的家园。我们意识到了野生动物面临的危机，以及保育工作者所作出的努力，《动物日报》专门出了特刊向大家宣传……		

不远万里的北方来客

《动物日报》
——月特刊——

1985 年的初冬，昆明市民惊奇地发现一批从未见过的鸟儿停歇在市区水域。它们的外形与鸽子很像，有着橙红色的喙，与驻足观望的市民好奇地互相打量——这一幕正是红嘴鸥第一次造访昆明的情景。

红嘴鸥是一种候鸟，冬天从遥远的蒙古国、俄罗斯、我国新疆飞来温暖的春城越冬。人们对这些不远万里的北方来客非常呵护——昆明市多次发布保护红嘴鸥的通告，明确了红嘴鸥的保护管理部门，成立了红嘴鸥协会。为了改变盲目投喂的现象，昆明市还制定了符合红嘴鸥营养需要的鸥粮生产标准，组织合理投食，并放养鱼虾以便于它们觅得天然食物……在各种宣传和志愿活动的推动下，爱鸟护鸟的社会风尚逐渐形成。同时，滇池治理等生态修复工程明显改善了红嘴鸥等野生动物的栖息环境。因此，30 多年来红嘴鸥年年去而复返，从不爽约，并从最初的数千只壮大到如今的 4 万多只，成为昆明旅游的一张名片，远近游客慕名而来。生态文明成绩斐然的昆明也成为 2021 年联合国《生物多样性公约》缔约方大会的举办地。人类爱护动物，动物也让生态文明的理念深入人心。我们期待这样的良性循环能在更多地方实现。（●特约记者 左一博士）

现自斯的束四条西、内地。数千几个元的蒙国新疆越冬。们再经青海、

红嘴鸥的保育现状

保护等级： 国家"三有"保护动物

种群现状： 野外种群生存状态良好

主要保护措施：

科学投喂，引导人们树立保护红嘴鸥的意识，为红嘴鸥营造舒适的栖息环境

红嘴鸥

Chroicocephalus ridibundus

目：鸻形目	科：鸥科	属：鸥属
科学画绘制：肖 白		

中国动物，很高兴认识你！
红嘴鸥

自由自在的鸥

乐乐

  学校要举行古诗比赛，读诗中我发现诗人喜欢用"鸥"来表达自由自在、无拘无束的意境。比如诗圣杜甫常常描写鸥："舍南舍北皆春水，但见群鸥日日来""自去自来梁上燕，相亲相近水中鸥""白鸥没浩荡，万里谁能驯"……在诗人的笔下，鸥时而在幽静的乡村翩翩翻飞，时而在浩荡的江面飘飘远逝，也许诗人也想像它们一样自由地翱翔在天地之间吧。

红嘴鸥与海鸥

安安

我第一次见到红嘴鸥时还误以为是海鸥。我对比了红嘴鸥和海鸥的照片，发现它们在外形上最明显的区别就是喙和脚的颜色：红嘴鸥的喙和脚是红色或橙红色的，海鸥的喙和脚则多呈黄色。另外，红嘴鸥和海鸥都会"变装"，羽色在冬天和夏天各有特点。

夏天—海鸥

夏天—红嘴鸥

冬天—红嘴鸥

冬天—海鸥

安安画的红嘴鸥

红嘴鸥的迁徙路线

撰稿人◎左一博士

经过追踪，研究者发现昆明的红嘴鸥主要来自蒙古国乌布苏湖、俄罗斯贝加尔湖、我国新疆的博斯腾湖。红嘴鸥是一种候鸟，冬天从遥远的蒙古国、俄罗斯、我国新疆飞来温暖的春城越冬。冬天结束后，它们再经由四川、陕西、青海、宁夏、甘肃、内蒙古等地返回出发地。这浩荡的旅程跨越数千公里，最长要花费几个月时间。

猛虎下山！

2021 年 4 月 23 日，下山猛虎成为新闻主角——一只东北虎突然闯入黑龙江省密山市临湖村。误入人境的老虎和惊逢猛虎的村民都非常惶恐，一名村民因此受伤，所幸在造成更严重的后果之前，救援人员及时赶到，对老虎进行了麻醉和救护。由于事发地属于完达山区域，所以科研人员将它命名为"完达山 1 号"。一个月后，"完达山 1 号"被放归山野，目前状态良好。

东北虎是虎家族中体型最大的成员，也是最大的猫科动物，体长超过 3 米，体重达 300 多千克，栖息在中国东北、俄罗斯远东和朝鲜北部的广袤森林中。虎的环境适应力很强，从终年湿热的热带雨林到积雪皑皑的高寒针叶林，都曾遍布虎的足迹。但是在过去的一百年间，由于栖息地破坏和滥捕滥猎，全世界的野生虎由 10 万只锐减到不足 4000 只，野生东北虎的数量更是不足 600 只，里海虎、爪哇虎、巴厘虎等虎亚种甚至已经灭绝。沉寂已久的山林何时能再次响起令人震撼的虎啸呢？（●特约记者 左一博士）

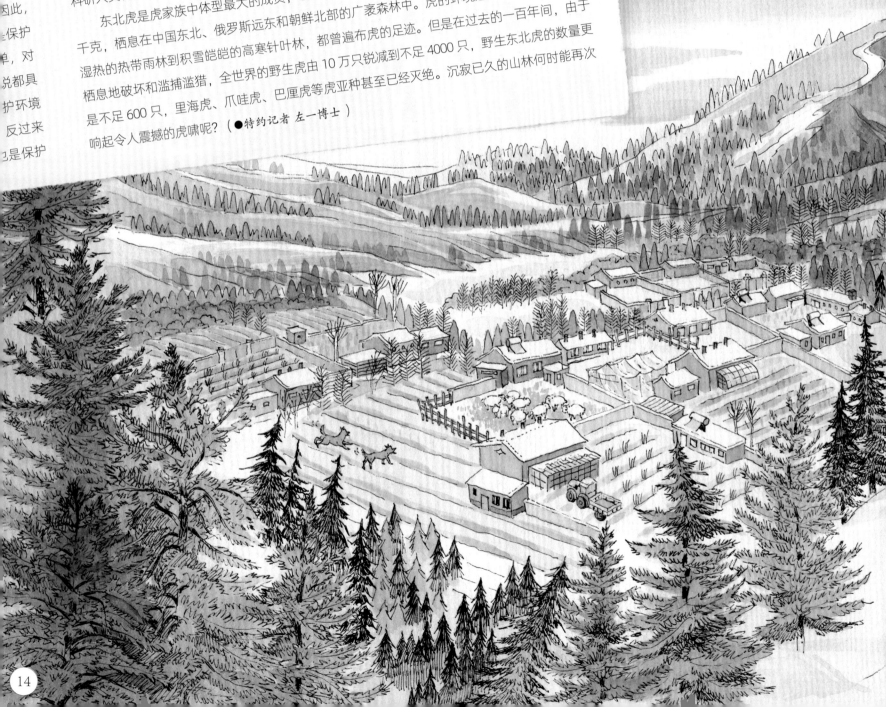

东北虎的保育现状

保护等级： 国家一级保护动物

种群现状： 我国境内约有 50 只野生东北虎

主要保护措施：

2021 年，位于吉林省与黑龙江省交界处、面积达 1.46 万平方千米的东北虎豹国家公园被列入第一批国家公园名单，这是我国东北虎、东北豹最重要的栖息和繁育区域，也是北半球温带区生物多样性最丰富的地区之一

为什么要保护野生虎?

撰稿人○左一博士

保护老虎的好方式并不是把老虎"舒舒服服"地圈养在动物园里。虎作为食物链最顶端的掠食者，是维持生态平衡的关键一环，如果没有虎的制约，食草动物会大量繁殖，进而超过环境承载力的极限。因此，保护野生虎不只是保护一个物种这么简单，对整个生态系统来说都具有重要意义。保护环境才能保护老虎，反过来说，保护老虎也是保护环境。

东北虎
Panthera tigris altaica

目: 食肉目	科: 猫科	属: 豹属
科学画绘制: 许可欣		

中国动物，很高兴认识你！ 东北虎

老虎和猫

调查目标	老虎和猫体型差别很大，但外形相似，在民间传说中猫是老虎的师父，我们想知道这两种动物到底有什么关系		
调查人	安安 乐乐	调查方式	实地观察、查阅图书、浏览专业网站
调查地点	动物园、图书馆	调查时间	4月
调查结果	生物学中把同一目的生物按照彼此相似的特征分为若干个科，比如食肉目的动物可分为猫科、犬科、鼬科等，同一科的动物在外形和习性上往往有很多相似之处，比如虎与猫都属于猫科，它们的相似之处: ①胡须都有测量器的作用; ②舌头上都长有倒刺; ③都拥有尖利的伸缩自如的爪子; ④脚上都长有肉垫，行动时悄无声息，利于隐蔽; ⑤伸懒腰的姿势、发现猎物时准备出击的姿势很像; ⑥都很爱干净，经常用舌头清理自己的爪子和身体		

东北虎的食物和领地

安安

今天的科学课上提到了东北虎，老师补充了额外的知识:

夹杂着林间空地的森林是东北虎的家园。因为林间空地里草料充足，森林里则盛产松子、橡子和蘑菇，吸引野猪、马鹿等食草动物在此栖息，这些正是东北虎喜欢的猎物。一只成年东北虎每天要吃10千克肉，因此得有数百至上千平方千米大，容纳数百

只野猪、马鹿这样的食草动物的领地，才能获得足够的食物以维持生存，所以古来就有"一山不容二虎"的说法。

所以，保护东北虎最根本的举措就是保护环境，当连绵的森林遍布山岭、成群的野猪和马鹿在林间漫步时，期待已久的虎啸才有希望重新响起。

虎在传统文化中的**寓意**

乐乐

最近看了很多关于虎的资料，我发现在传统文化中虎象征着力量、勇敢，从如虎添翼、虎踞龙盘、鹰扬虎视这些成语中能感受到古人对虎的崇拜。我去博物馆时还看到了一对卧虎形状的文物，讲解员叔叔说那是虎符。老虎威风凛凛，把调兵遣将的兵符铸造成老虎的样子，真是太合适了。

海滨奔腾的"梅花"

《动物日报》
—五月特刊—

如果你前来海滨城市大连观光，也许能在密林掩映间看到许多奔腾跃动的"梅花"。这是一个美丽的奇迹——大连是全国唯一一个市内有野生梅花鹿种群的城市。

顾名思义，梅花鹿因其标志性的斑点而得名，棕红色的皮毛上点缀着雪白的斑点，像朵朵白梅绽放，令人不由得赞叹它的美。但作为野生动物，梅花鹿并不那么"爱美"，它的毛色随季节更替而变化。冬春时，梅花鹿全身灰扑扑的，斑点也很暗淡，夏天才会显现靓丽的样貌，这可以使它们更好地融入环境，躲避天敌。

除了美丽的花斑，挺拔矫健的角也是梅花鹿的标志性特征。梅花鹿只有雄鹿长角，尚未骨化、密生绒毛的幼角称为鹿茸，是一味名贵的药材。旧角每年自动脱落，新角慢慢长出来。古人用鹿角脱落来指代夏天到来，梅花鹿通常在春天开始脱落旧角，到秋天新角长成。

古人赏鹿、养鹿、猎鹿，也爱鹿，将鹿写进诗文、画入图卷。今天，我们要以更加尊重、友好的心态，欢迎这片"梅花"盛放不息。（●特约记者 左一博士）

梅花鹿的保育现状

保护等级： 国家一级保护动物（仅限野外种群）

种群现状： 野外种群生存状态良好

主要保护措施：

建立生态保护区，积极开展宣传活动，发动人们共同参与保护野生梅花鹿的活动。甘肃省是我国最大的野生梅花鹿栖息地，野生梅花鹿近 8000 只，分布范围也在持续扩大

中国常见的几种鹿

安安

除了梅花鹿，中国常见的鹿还有马鹿、麋鹿、驼鹿、驯鹿。前几天我和乐乐一起去动物园拍了各种鹿的照片，发现它们的角各有特点，可以作为识别的依据。

马鹿的角：分成两枝，短枝向前伸，长枝向后倾，而且会长很多分叉；

麋鹿的角：也会分成前后两枝，前枝分成两个叉，后枝又长又直，末端有时也会长出小叉；

驼鹿的角：下方呈片状，上方分叉，看起来就像手掌；

驯鹿的角：分枝特别复杂，既像树枝，又像珊瑚。

马鹿　麋鹿

驼鹿　驯鹿

鹿在传统文化中的寓意

撰稿人◎乐乐

鹿在传统文化中有着美好的寓意。追求富贵的人喜欢鹿，因为鹿与"禄"同音。鹿常和寿桃、蝙蝠等象征吉祥的事物"同框"，表达"福禄寿""福禄双全"等美好心愿。淡泊世事的人也喜欢鹿，因为鹿幽居山野，安于自然，有一种与世无争的"气质"，因此传说中许多得道仙人的坐骑就是鹿。

为什么只有雄鹿长角？

安安

为什么只有雄梅花鹿才长角呢？左一博士告诉我，鹿角是雄鹿在同类竞争中的撒手锏。在雌鹿眼中，拥有壮硕鹿角的雄鹿更有"魅力"。繁殖期的雄鹿常用鹿角打斗，获胜者拥有更多繁衍后代的机会。雌鹿没有这种需求，所以它们的鹿角就渐渐退化了。不过也有一些鹿无论雌雄都长角，比如生活在寒冷的高纬度地区的驯鹿，为了在严酷的环境中更好地生存，雌驯鹿的角没有退化。

梅花鹿

Cervus nippon

目： 偶蹄目　　**科：** 鹿科　　**属：** 鹿属

科学画绘制：李亚亚

中国动物，很高兴认识你！

梅花鹿

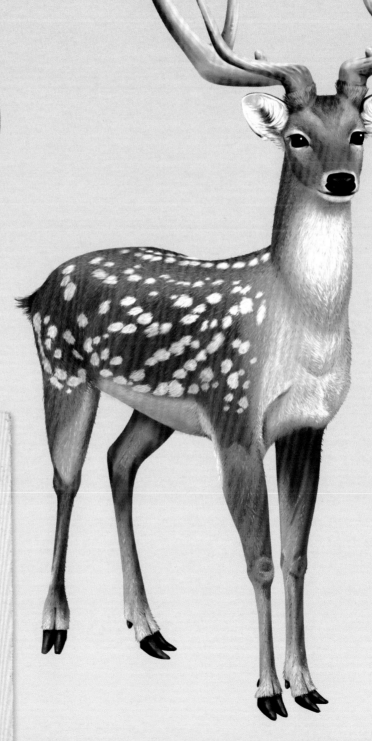

黔灵山的"泼猴"

"山中无老虎，猴子称大王"，这句俗话放在贵阳黔灵山上再贴切不过。野生猕猴原本生性警惕，但黔灵山的猕猴随着与人的频繁接触而越来越大胆，从小心翼翼地接受投喂发展到主动讨要，甚至撕扯、哄抢，成了名副其实的"泼猴"。由于没有天敌，黔灵山的猕猴已达1200余只，仅4.2平方千米的公园承载不了如此庞大的种群。猕猴常常外溢到周边，威胁市民安全与城市秩序。据统计，黔灵山猕猴袭击造成的伤者已达2万多人次，贵阳市区发生多起因猕猴攀爬变压器导致的停电事故，地铁站也出现过猕猴，所幸没有造成重大事故。当地林业部门目前正着手进行分流，将一部分猕猴转移出黔灵山。

而这一切真的应当归咎于"泼猴"吗？实际上，黔灵山的猕猴并非严格意义上的野生种群，而是60多年前从科研机构逃逸的实验猴的后代。20世纪80年代，公园为了发展旅游业而开展人工驯养；此后，游客的投喂行为越发泛滥，猕猴数量剧增，造成今天"泼猴成灾"的局面。因为管理不善让养殖动物逃逸并野化、为了吸引游客而组织驯养、出于盲目的爱心而投喂……由此来看，把它们变成泼猴的正是人类自己。我们必须认真思考，人与野生动物的相处边界到底在哪里。（●特约记者 左一博士）

猕猴的保育现状

保护等级： 国家二级保护动物

种群现状： 野外种群生存状态良好

主要保护措施：

积极宣传与猕猴的正确相处方式，引导人们减少对野生猕猴的投喂行为

猕猴为什么会 互相梳理毛发?

撰稿人○左一博士

互相梳理毛发是猕猴的社交方式。如果两只猕猴发生了冲突，事后会通过互相理毛的方式修复关系，其他猕猴有时也会加入，如同在劝解矛盾。研究者还发现猕猴更愿意与为它梳理过毛发的同伴分享食物，互相梳毛是猕猴之间友谊的体现。

猕猴的食谱

安安

我想起去年的黔灵山之旅，目睹了数不清的猴子争相迎接游客的投喂。我记得志愿者劝阻说，野生猕猴主要以树叶、嫩枝和野果为食，有时也吃鸟蛋、昆虫，冬天食物短缺时还会盯上农家的谷物。人的食物未必适合猕猴，人的投喂可能会对猕猴造成伤害，还会让猕猴逐渐丧失野外生存能力。所以对于野生动物，可远观而不可随意投喂。

猴在传统文化中的寓意

乐乐

"猴"由于与"侯"谐音，因而寄托着古人封侯晋爵的愿望，传统纹饰中常有这样的图样：猴子骑在马背上，寓意"马上封侯"；猴子骑在另一只猴子背上，寓意"辈辈封侯"。古人丰富的想象力并不限于此，中国文化中的经典形象——孙悟空的原型也是猕猴。

辈辈封侯

马上封侯

猴与猿的区别

安安

今天"猿猴"是一个词，那么"猿"与"猴"是同一种动物吗？通过请教动物园灵长目展区的管理员，我终于搞清楚了。

猿与猴都属于灵长目，但仔细观察，它们之间有不同。猿的体型通常更大，肌肉更发达，上肢比下肢长，尾巴则很不明显，常见的猿包括猩猩、长臂猿；猴的体型通常较小，上肢和下肢的差别没有那么大，尾巴较长，常见的猴包括猕猴、叶猴、金丝猴。

猕猴
Macaca mulatta

目：灵长目　　**科：**猴科　　**属：**猕猴属

科学画绘制：郑秋旸

中国动物，很高兴认识你！

猕猴

扬子江的活化石

《动物日报》
——七月特刊——

普通人也能为保护濒危动物做出了不起的贡献吗？安徽芜湖长乐村的张金银老人用实际行动回答了这一点。40多年前，一位不速之客来到了张金银家的鱼塘，惊喜之后，张金银夫妇决定收留这位来之不易的客人，后来张金银受到林业部门的任命，正式担负起保护、照顾它的义务。

这位客人就是扬子鳄，长江中的活化石，恐龙时代便开始繁衍生息，经历了地球的几度沧桑巨变。扬子鳄是我国现存的唯一一种鳄鱼，仅分布于我国，栖息于长江中下游的河湖湿地。在通常的印象中，鳄鱼非常凶猛危险，但扬子鳄是个例外，它是鳄鱼家族中体型最小的

成员之一，成年体长约1.5米，性情温顺，几乎没有伤人记录。比起擅长猎杀大型动物的鳄鱼，扬子鳄的吻部更短、更宽，头骨也较高，口中缺乏锋利的尖齿，多为用来碾压的钝齿。这样的构造利于它在植被茂盛、淤泥遍布的静水中搜寻并咬碎田螺、河蚌，这正是扬子鳄的主要食物。

扬子鳄对生态环境的要求很高，曾由于栖息地被破坏一度濒临灭绝。张金银老人将半生奉献给了保护扬子鳄的事业，如今，长乐村周边已建设起扬子鳄自然保护区，他的孙子现也接过接力棒，成为一名巡护员，保护野生动物的观念正成为全社会的共识。（●特约记者 左一博士）

*此为情景再现，请勿随意投喂动物。

扬子鳄的保育现状

保护等级： 国家一级保护动物

种群现状： 在放归人工繁育的扬子鳄之前，野生扬子鳄数量只有 200~250 条

主要保护措施：

安徽宣城扬子鳄国家级自然保护区是我国最大的扬子鳄种群繁育基地，人工繁育的扬子鳄达一万余条。2001 年，扬子鳄保护与放归自然工程作为中国野生动植物重点拯救项目之一开始实施，也就是将人工繁育的扬子鳄放归到野外以逐步恢复野外扬子鳄种群。经过持续放归，安徽省扬子鳄的野外种群数量目前已超过 1000 条，分布范围逐渐扩大

扬子鳄的陷阱

撰稿人〇左一博士

扬子鳄是伪装高手，时常一动不动地浮在水面上，水鸟以为这是一根浮木，便落下来歇脚。此时扬子鳄慢慢下沉身体，让鸟自己走到嘴边，然后猛然张开大口，收获一顿美餐。

扬子鳄
Alligator sinensis

目： 鳄形目　**科：** 短吻鳄科　**属：** 短吻鳄属

科学画绘制： 许可欣

短吻鳄与真鳄

安安

　　今天我和乐乐去了动物园的两栖爬行馆，见到了不同种类的鳄鱼，哪个才是扬子鳄呢？讲解员告诉我，鳄鱼分为三大类：真鳄科、短吻鳄科、食鱼鳄科，扬子鳄属于短吻鳄科。真鳄的吻部相对修长，像字母"V"；短吻鳄的吻部比例更宽，像字母"U"；食鱼鳄的吻部则非常狭窄细长，像字母"I"，最容易辨认。此外，短吻鳄的嘴巴闭合时只有上牙外露，而真鳄上下牙都会外露。另外，鳄鱼的皮肤上有很多小黑点，这是它们的外皮感觉器官。短吻鳄只有头部才有这些外皮感觉器官，而真鳄全身都有。

Tip: 扬子鳄是卵生！

扬子鳄的"地下宫殿"

乐乐

　　两爬馆里有一个扬子鳄的洞穴模型，复杂精巧犹如宫殿。扬子鳄通常把洞口设置在方便入水的地方；洞穴内岔道交汇形成一个个"室"，便于扬子鳄转身；绝大部分鳄鱼分布在热带和亚热带，而生活在温带的扬子鳄必须为越冬做准备，因此洞穴内有供扬子鳄冬眠的"卧台"；洞穴中最深的地方是终年积水的蓄水池，扬子鳄是变温动物，水可以帮助扬子鳄调节体温；此外还有透气用的"气孔"，如果发生洪水暴涨等意外，气孔就会变成扬子鳄的紧急逃生通道。

中国动物，很高兴认识你！
扬子鳄

"离家出走"的大块头

《动物日报》
——八月特刊——

2020 年 3 月，一群云南亚洲象的迁徙之旅引起了全世界动物爱好者的关注。它们从西双版纳州勐养片区出发，一路北上，最远达到了昆明市辖区。亚洲象我们并不陌生，成年亚洲象身高可达 2.5 米，重达 3~5 吨，在现存的陆栖动物中，它是体型仅次于非洲草原象的庞然大物。亚洲象通常结成象群生活，由年龄最大的雌象领导，可这位生活经验最丰富的头领为何会带领象群"离家出走"呢？有学者推测，可能是大象迷路了，或是为了逃离被破坏的栖息地，或者只是一次正常的迁徙活动。尽管象群出走的确切原因仍无定论，幸运的是，2021 年 8 月初，历经一年多的"流浪"后，象群终于渡过元江，平安回到栖息地。在旅途中，象群得到了政府和群众的悉心护送，没有受到任何伤害。

这一新闻也让这些大块头的苦恼再一次引发了人们的关注——栖息地萎缩和盗猎是威胁亚洲象种群的最重要因素。大象回家了，但我们不禁要追问：到底是大象闯入了人类的居住地，还是人类侵占了大象的家园？大象的"离家出走"值得深思。（●特约记者 左一博士）

亚洲象的保育现状

保护等级： 国家一级保护动物

种群现状： 我国境内约有 300 头野生亚洲象，分布于云南西双版纳地区

主要保护措施：

云南省林业部门于 2016 年开始规划建设亚洲象国家公园，2019 年国家林草局在昆明成立了亚洲象研究中心。正在积极建设中的亚洲象国家公园将整合现有的 11 处自然保护区，更有效地恢复亚洲象栖息地

亚洲象

Elephas maximus

目：长鼻目　科：象科
属：亚洲象属
科学画绘制：郑秋旸

中国动物，很高兴认识你！
亚洲象

中国保护亚洲象的举措

安安

　　饲养员叔叔告诉我们，尽管那群"离家出走"的亚洲象沿途闯进民居、采食农作物，人们也宽容相待，国家拨付专项资金来补偿保护动物造成的损失，避免群众为了保护个人财产而伤害它们。除此之外，还特地修建了绿色通道，避免野象穿过公路时发生事故；建立了预警机制，用无人机等先进设备进行监控，为潜在的人象冲突发布预警信息……饲养员叔叔希望亚洲象种群繁衍壮大，而不是只有在动物园才能见到这壮美的生物。

大象对生态环境的影响

撰稿人○左一博士

大象有着和它体型相称的大胃口——成年亚洲象每天吃下 150 千克的新鲜植物，还会饮下上百升水。这样大的食量令大象一天中的大部分时间都在觅食，看似破坏了植被，实际上，大象的摄食活动调整了植被密度，给植物生长营造出了合理的空间。此外，大象的肠道只能吸收食物 40% 左右的养分，这使得大象粪便成为很好的有机肥，许多植物的种子也会借助大象的粪便传播。所以，从整体来看，大象对调节生态环境有着积极、重要的作用。

象在传统文化中的寓意

乐乐

报纸上说人们关照"离家出走"的亚洲象，和流传已久的敬象习俗有关。由于"象"和"祥"谐音，所以在人们的心目中，象是吉祥的象征。象也是传统文化中的经典题材：比如大象和宝瓶寓意"太平有象"；大象和如意寓意"吉祥如意"。有些地方的人们将大象视为守护神。亚洲象还为它的家乡——云南担当旅游文化的形象代言人呢。

太平有象

吉祥如意

亚洲象与非洲象的区别			
调查目标	新闻里说亚洲象是仅次于非洲草原象的第二大陆栖野生动物，但是大象看着都长得差不多，了解怎么区分这两种象		
调查人	安安 乐乐	调查方式	实地观察、请教大象饲养员
调查地点	动物园	调查时间	8 月
调查结果	①看耳朵：亚洲象耳朵略呈方形；非洲象耳朵近似三角形，而且比亚洲象耳朵大很多；②看牙齿：只有雄性亚洲象才有明显的象牙，而且长度不及非洲象，雌性亚洲象的象牙非常短小，在外面是看不到的；非洲象无论雌雄，都有长长的象牙；③看鼻子：亚洲象鼻子表面较为光滑，鼻子前方有一个突起；非洲象鼻子上的褶皱很深，鼻子前方上下各有一个突起；④看头和背：亚洲象额头和脊背有明显隆起；非洲象额头扁平，背部则像马鞍一样下凹		

非洲象

亚洲象

貉的保育现状

保护等级： 国家二级保护动物（仅限野外种群）

种群现状： 野外种群生存状态良好

主要保护措施：

列为保护动物，禁止随意捕杀和破坏其栖息地

土著进城记

上海是全国最现代化、最繁华的大都市之一，很难把这样一座城市和野生动物栖息地联系到一起。但近年来，有一种野生动物俨然把闹市当成了家园，不断繁衍壮大，出现了成规模的野生种群，那就是貉。据统计已有100多个社区出现了野生貉的踪影，整个上海可能生活着3000~5000只貉。有人感到新奇，也有人对此表示担忧，因为貉常常翻捡垃圾、惊吓宠物，甚至可能还会传播疾病。这些麻烦制造者也成为考验城市管理者的新难题。

其实，貉是上海的"土著"，曾广泛分布于包括华东在内的中国大部分地区，但由于环境破坏一度销声匿迹，因而许多市民对貉并不熟悉，以至于把它误认为是浣熊、小熊猫等明星动物。貉的"复出"标志着生态环境得到了很大改善。貉是国家二级保护动物，而且一般不会主动攻击人。偶遇野生貉时，不必害怕或伤害它，但也不要接触或投喂它。因为投喂会让貉依赖人类，增加人与貉之间的潜在矛盾。实际上，部分市民投喂给流浪猫的猫粮正是吸引貉前来城市定居的重要原因。城市里的野生动物也许并不是不速之客，而是土生土长的原住民，我们应当学会和它们分享同一片家园。（●特约记者 左一博士）

貉

Nyctereutes procyonoides

目： 食肉目　　**科：** 犬科　　**属：** 貉属

科学画绘制： 郑秋旸

貉的"冬休"

撰稿人○左一博士

天气寒冷、食物短缺时，许多动物会进入休眠状态以减少能量消耗，度过寒冬。貉是犬科动物中唯一会冬眠的。其他冬眠动物往往要等到春暖花开时才苏醒，但貉不同，冬季偶有气温回升时，貉便会外出活动，不放过一丝觅食的机会，天气一转冷就回到洞穴继续冬眠。人们将貉的这种习性称为"半冬眠"或"冬休"。

"一丘之貉"

乐乐

在认识貉之前，我就从成语"一丘之貉"中知道了貉的名字，意思是同一个土山里的貉，比喻没有差别的坏人。这个成语出自西汉杨恽，他听说匈奴单于被杀害，评价他自作自受，苛待部下，因此丢了性命，就像秦朝的君王那样，信任奸臣，迫害忠良，因此亡了国，他们犹如"一丘之貉"。此后，貉的文化形象就带有贬义了。

貉的食谱

安安

貉是典型的杂食性动物，也是个精明的机会主义者。貉会爬树、掘土，采食植物的果实、块根；貉会游泳，捕捉鱼类、蛙类、甲壳类；貉身手敏捷，鸟类和昆虫对它来说也是家常便饭；貉从不挑食，垃圾堆里的残羹剩饭也来者不拒；貉也不介意"顺手牵羊"，在居民区里生活的貉常会偷抢宠物的猫粮、狗粮呢。

长江里的微笑天使

《动物日报》·十月特刊

作为我国最大、生物多样性最丰富的淡水生态系统之一，长江流域孕育了无数生灵。在长江中下游及部分支流、湖泊的波涛间，也许你能目睹一群一群可爱的天使，它们的嘴角天然翘起，好像时刻带着迷人的微笑，那就是长江豚。

但江豚不是鱼类，而是用肺呼吸的哺乳动物，长 1.2~1.6 米，圆头短吻，憨态可掬。尽管生活在水中，每隔一会儿就要到水面上换气，此时便是人们观赏江豚的好机会。长江南京段中山码头、长江武汉段白沙洲、赣江南昌段扬子洲等水域已成为观赏江豚的胜地，江豚跃出江面的场景成为一道动人的风景线。

这道来之不易的风景线缘自环保工作者、科研工作者和无数人民群众共同努力的成果。江豚曾经一度濒临灭绝，甚至比大熊猫还要稀有。为了保护江豚，国家启动一系列生态修复工程，比如实施十年禁渔，让长江休养生息；比如对江豚实施迁地保护，为它寻觅更理想的栖息地……终于让长江流域生态逐渐修复，"天使"的微笑也在沿沿江水中再次浮现。江豚种群复壮的成功鼓舞了我们，让我们相信保护生态环境能够成为社会共识，大好河山也一定能长青不衰。（●特约记者 左一博士）

长江江豚的保育现状

保护等级： 国家一级保护动物

种群现状： 约 1000 头

主要保护措施：

我国对江豚实施就地保护、迁地保护、人工繁育研究这三大保护措施。其中我国首创的鲸豚类动物迁地保护模式作为成功案例得到国际认可。长江十年禁渔计划也为长江生态系统的恢复起到了至关重要的作用。2022 年科学考察初步结果表明，江豚种群呈恢复增长趋势

江豚和海豚的区别

调查目标	江豚和海豚名字和外形都很像，了解它们有什么不同		
调查人	安安 乐乐	调查方式	实地观察、请教专业人员
调查地点	海洋馆	调查时间	10 月
调查结果	①形态不同：江豚没有背鳍，吻部粗而短；海豚有背鳍，吻部细而长。 ②科目分类不同：江豚属于鼠海豚科，长江江豚是终生生活在淡水的亚种；海豚则是海豚科 17 属 30 余种海洋哺乳动物的统称。 ③栖息环境不同：江豚主要栖息于靠近海岸线的、咸淡水交界的浅水区域，而长江江豚完全生活在淡水中；海豚则主要分布于温暖的海域。		

江豚

海豚

爱戏水的长江江豚

安安

　　我收到了左一博士观测江豚时抓拍的照片，其中一头江豚正在吐水，这引起了我的好奇。通过查阅资料，我了解到江豚的智商很高，能"开发"出许多游戏来自娱自乐，比如跳跃出水面、吐水、潜在水下吐泡泡。江豚还能通过这些游戏表达自己的情绪。

长江
江豚
Neophocaena asiaeorientalis

目：鲸目	科：鼠海豚科	属：江豚属
科学画绘制：苏　靓		

古人眼中的
"追风侯"

乐乐

　　长江江豚在 1 万～2 万年前的末次冰河期从大海来到长江中安家落户，并成为长江中最具标志性的物种之一，因此常见诸古人的笔下。唐朝诗人许浑写有"石燕拂云晴亦雨，江豚吹浪夜还风"的诗句。在古人眼中，江豚出没意味着风雨欲来，因此送了江豚一个颇有浪漫气息的名字——追风侯。

中国动物，很高兴认识你！
长江江豚

保护长江江豚的举措

撰稿人◎左一博士

稳定的食物来源和适宜的栖息环境是一个物种繁衍生息的必要条件，保护江豚的核心举措也正是围绕这两点。2020年起实施的长江十年禁渔计划使长江的生态环境和渔业资源稳步恢复，让位居长江中食物链顶端的江豚有了充足的食物。此外还大力建设自然保护区，既包括就地保护，也包括迁地保护，也就是将江豚迁到生存环境更理想的水域。

安安画的江豚

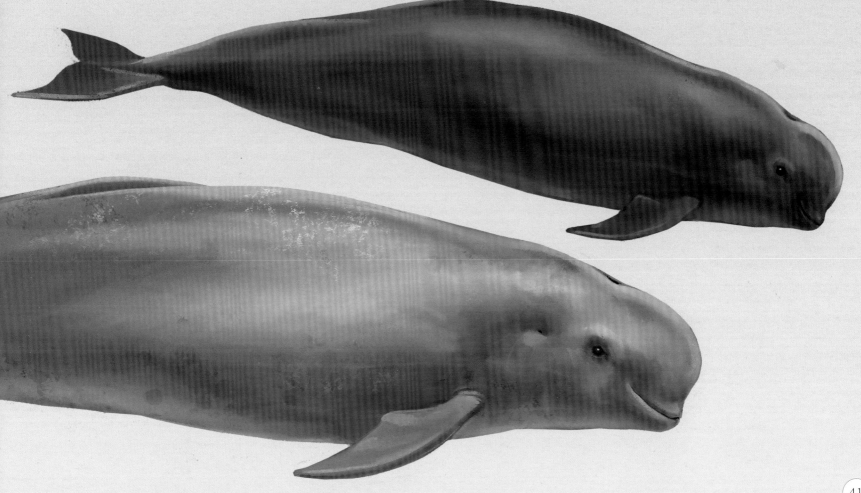

雪域高原的王者

《动物日报》·十一月特刊

2022 年 11 月，西藏阿里地区昆莎乡一户牧民的羊圈里发生了一起"惨案"——数只羊被袭击，倒在血泊中，"肇事者"留在案发现场，但闻声而来的人们并没有捉拿它，因为它有个非凡的身份——雪域高原的王者，雪豹。

雪豹分布于青藏高原、天山山脉、阿尔泰山脉等中国西部和中亚的高山地区，常在雪线附近和雪地间活动，因此得名。雪豹灰白色的皮毛上错落有致地点缀着黑色斑点，在岩石漫布的高山环境中是理想的伪装色，加上它们昼伏夜出，警惕性很高，所以人们极难一窥野生雪豹的真面目。

这为雪豹笼罩上了一层神秘色彩，让它成为雪山居民心中的神兽。

但是近年来，这些行踪诡秘的雪山来客却频频制造出类似的袭击事件。有人认为雪豹会在食物短缺时为了生存冒险袭击家畜，这是它们固有的习性；也有研究者分析，雪豹频繁现身说明它们的种群数量变多，值得欣慰，毕竟这一美丽而神秘的动物由于气候变化和人类活动的干扰，一度濒临灭绝。雪豹捕食家畜的事件既是生态变化的风向标，也折射出人与动物和谐共存的问题。（●特约记者 左一博士）

雪豹的保育现状

保护等级： 国家一级保护动物

种群现状： 我国境内约有 5000 只野生雪豹

主要保护措施：

中国是雪豹最主要分布的国家。2013 年，中国等 12 个国家签署了全球雪豹种群及其生态系统保护项目，国家林业局将保护雪豹列为优先任务之一，并启动了《中国雪豹保护行动计划》，减少人类活动对雪豹栖息地的影响，恢复和维持山地生态系统的平衡。目前，青海三江源等地区生态保护成效显著，雪豹种群数量持续增长

雪域高原的生存秘籍

撰稿人◎左一博士

雪域高原环境严酷，雪豹有一套独到的"生存秘籍"：为了在植被稀疏、岩石嶙峋的高海拔地带伪装自己，雪豹的毛色明显不同于其他大猫的草黄色，而是呈现出介于深奶油色和清爽的烟灰色之间的灰白色，这种色调正是阳光照耀下岩石的颜色；为了抵御高原零下数十度的严寒，雪豹拥有毛发密度是家猫 20 倍的皮毛；为了适应复杂崎岖、遍布悬崖断壁的山地地形，雪豹拥有绝佳的弹跳力，一跃可达 15 米远，甚至可以原地凌空起跳。

雪豹的纹理特征

调查目标	观察各种豹纹的特征，辨识它们的种类，做到"窥一斑而知全豹"	
调查人	安安 乐乐	
调查地点	野生动物园	调查时间　11月
调查结果	它们背部的花纹非常典型，可以作为识别的标志。 美洲豹：花纹呈花瓣状，稀疏且形状较大，中间有黑色的实心斑点； 金钱豹：花纹也呈花瓣状，但较浓密且形状较小，中间是空心的； 雪豹：花纹略呈黑色的空心圆，形状较大，且经常由于毛长而显得不清晰； 猎豹：花纹是圆而小的黑色实心斑点	

美洲豹　金钱豹　雪豹　猎豹

温馨提示

雪豹虽然名字里有"豹"，但并不是真正意义上的豹子，只是形态与豹子很像，类似的动物还有美洲豹、猎豹、云豹等。实际上，雪豹与虎的关系更近。

雪豹
Panthera uncia

目：食肉目	科：猫科	属：豹属
科学画绘制：许可欣		

中国动物，很高兴认识你！
雪豹

雪豹的**捕猎策略**

安安

　　雪豹是独行侠，不能像狮子那样集体围猎；雪豹的体重也只有 22~55 千克，不能像虎那样以力取胜。但雪豹也有两种典型的捕猎策略——伏击与突袭。雪豹会耐心地埋伏在水源处等地方，待猎物经过时一跃而出；雪豹也会悄无声息地潜行至距离猎物很近的地方，然后发动突然袭击，抓住猝不及防的猎物。

野猪的保育现状

保护等级： 虽然已从"三有"保护动物名录中移除，但仍不可随意猎杀

种群现状： 分布范围广，种群增长较快

主要保护措施：

设置缓冲带，避免野猪直接进入人的活动区域，减少人与野猪之间的冲突

《动物日报》·十二月特刊

卷土重来的"黑旋风"

2022年12月，陕西省渭南市林业局的一则通告引发了广泛关注——悬赏捕猎野猪。野猪并非罕见的珍禽异兽，而是一种分布极为广泛的世界性物种，食性很杂，在山地、丘陵、草地等多种环境中都能生存。它和家猪同宗同源，而躯体更为健壮，体色呈棕褐色或黑灰色，脊背上有刚硬的鬃毛。成年雄野猪体重可达200千克，嘴外露出骇人的獠牙，发怒奔跑时如"黑旋风"一般。

但由于环境破坏，野猪一度难觅其踪。为了更好地保护野生动物，国家林业局于2000年颁布了《国家保护的有益的或者有重要经济、科学研究价值的陆生野生动物名录》（现已修订为《国家保护的有重要生态、科学、社会价值的陆生野生动物名录》），野猪也名列其中。随着退耕还林等生态修复工程的实施，以及全社会环保意识的进步，野猪的种群数量逐渐回升。

这看似是一个理想的局面，但事实并没有这么简单，因为食物链中越居于上游的物种，种群恢复的速度越慢，野猪种群的恢复速度远远超过虎、豹、狼等掠食者的恢复速度。缺少天敌的制约，再加上野猪本身就有极强的环境适应力和繁殖能力，野猪数量很容易超越环境承载力，因而为了觅食常常进入农田"洗劫"庄稼，与农民发生冲突。陕西、四川、河南、广西等多地都发生过野猪致人伤亡的事件。野猪已成为我国当前致害范围最广、造成损失最严重的野生动物。2023年6月，"三有"动物名录移除了野猪。

仅仅20多年，卷土重来的野猪就从需要保护的"三有"动物变成泛滥成灾的"害兽"，这启示我们生态修复是一个系统工程，远比保护一个物种要复杂。生态修复也要平衡野生动物与人类之间的关系，通过在人类居住地与动物栖息地之间设置缓冲区等方式，避免野生动物与人类的直接冲突。（●特约记者 左一博士）

中国动物，很高兴认识你！
野猪

野猪的"矛"与"盾"

安安

要在弱肉强食的大自然生存，野猪倚仗的是一副精良的"矛"与"盾"——獠牙和骨板。雄野猪外露的獠牙就像锐利的矛头，全速冲刺时甚至能刺穿小汽车的车皮，是它的得力武器。雄野猪肩部区域有一块厚达2~3厘米的软骨板，像盾牌一样保护胸腔和躯干，坚固得连普通猎枪都难以击穿。

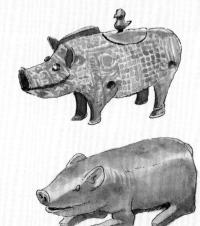

野猪
Sus scrofa

目：鲸偶蹄目　科：猪科　属：猪属

科学画绘制：郑秋旸

野猪的启发

撰稿人◎安安

第一次世界大战期间，军工专家试图研发一款保护士兵免受毒气伤害的装备。前线的一个案例引起了他们的注意：一次毒气攻击后，驻守的士兵损失惨重，但在同一区域的野猪却幸存下来。原来是毒气袭击发生时，野猪本能地用嘴拱地，松软的土壤颗粒过滤、吸附了一部分毒气，野猪因此逃过一劫。受此启发，设计者将活性炭填入特制的滤毒罐中，通过导气管连接到面罩上，制造出防毒面具。

安安画的野猪像刺猬~
——乐乐留

传统文化中的猪

乐乐

有人将猪当作懒惰、邋遢的代名词，但在古代，野猪以其凌厉勇猛的姿态赢得了人们的青睐，古人以猪为原型，制造了很多礼器，甚至有人以猪为名，比如汉武帝的小名叫刘彘，汉朝还有位大将叫陈豨，"彘"和"豨"在文言中就是小猪、大猪的意思。《西游记》中大家喜闻乐见的八戒，其原型也是猪。

野猪的食谱

安安

我仔细读了有关野猪的报道，发现野猪的泛滥成灾跟它的食性有分不开的关系。野猪的胃口好得惊人，山林里的蘑菇、橡子是野猪喜爱的食物，人种植的玉米、红薯也在它的食谱上，野猪也不介意捕捉野鸡、野兔、蛇等小型动物来开开荤。此外，野猪的战斗力也相当不俗，即使面对豹这样的掠食者也有一搏之力。

专题4

PROTECTED AREAS

中国的自然保护地体系

中国是世界上物种多样性最丰富的国家之一，具备几乎所有的生态系统类型。自然保护地体系是中国保护生物多样性最有效的措施，在维护国家生态安全中居于首要地位。

自然保护地体系是指将自然保护地按生态价值和保护强度高低，依次分为国家公园、自然保护区、自然公园三类，形成以国家公园为主体、自然保护区为基础、各类自然公园为补充的体系。（●特约记者 左一博士）

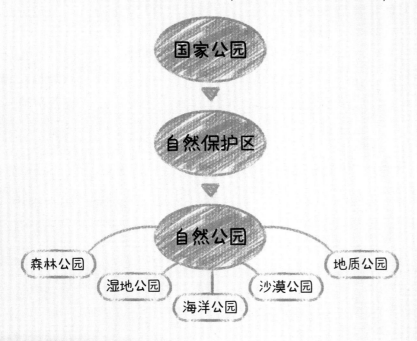

国家公园

↓

自然保护区

↓

自然公园

森林公园　湿地公园　海洋公园　沙漠公园　地质公园

中国首批国家公园

三江源国家公园

大熊猫国家公园

东北虎豹国家公园

海南热带雨林国家公园

武夷山国家公园

国家公园是中国自然保护地体系的主体，是自然生态系统中最重要、自然景观最独特、自然遗产最精华、生物多样性最富集的部分。2021年，我国成立了首批国家公园，分别是三江源、大熊猫、东北虎豹、海南热带雨林、武夷山国家公园。